中学基礎がため100%

できた！中1理科

物質・エネルギー（第1分野）

中1 理科　物質・エネルギー（1分野）　本書の特長と使い方

本シリーズは，基礎からしっかりおさえ，十分な学習量によるくり返し学習で，確実に力をつけられるよう，各学年2分冊にしています。**「物質・エネルギー（1分野）」**と**「生命・地球（2分野）」**の2冊そろえての学習をおすすめします。

◆ 本書の使い方　※ 1 2 …は，学習を進める順番です。

1 単元の最初でこれまでの復習。

「復習」と「復習ドリル」で，これまでに学習したことを復習します。

2 各章の要点を確認。

左ページの「学習の要点」を見ながら，右ページの「基本チェック」を解き，要点を覚えます。基本チェックは要点の確認をするところなので，配点はつけていません。

3 3ステップのドリルでしっかり学習。

「基本ドリル（100点満点）」・
「練習ドリル（50点もしくは100点満点）」・
「発展ドリル（50点もしくは100点満点）」の
3つのステップで，くり返し問題を解きながら力をつけます。

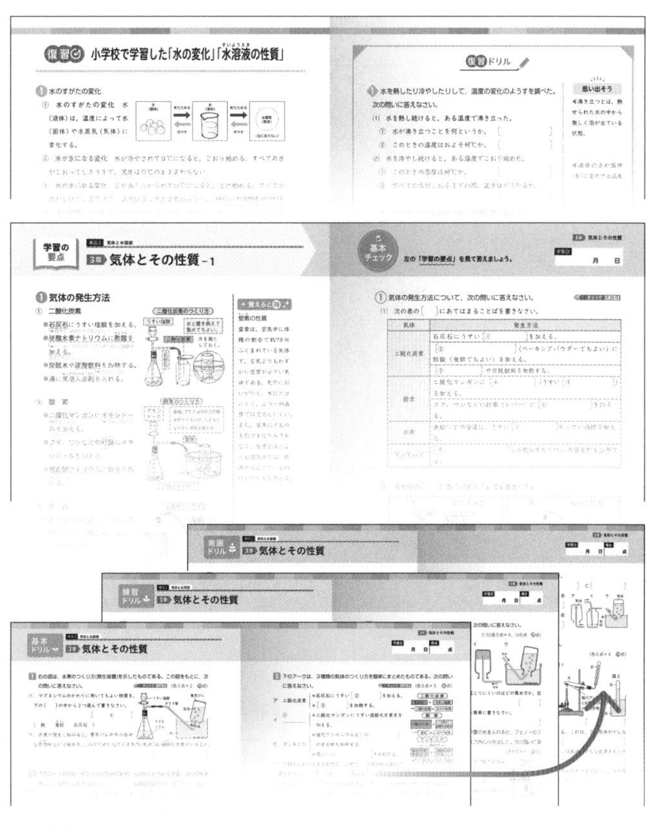

4 最後にもう一度確認。

「まとめのドリル（100点満点）」・
「定期テスト対策問題（100点満点）」で，
最後の確認をします。

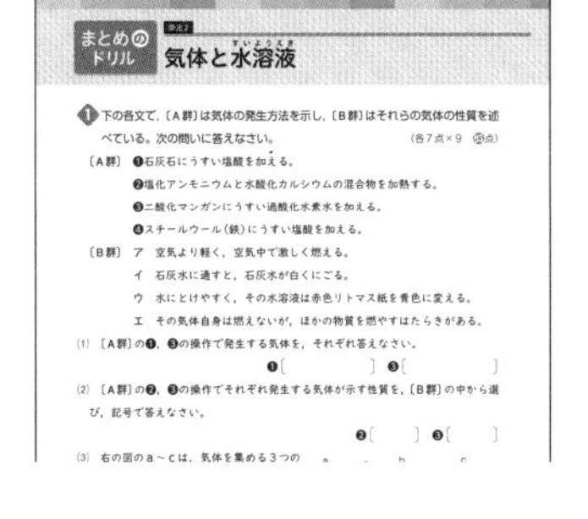

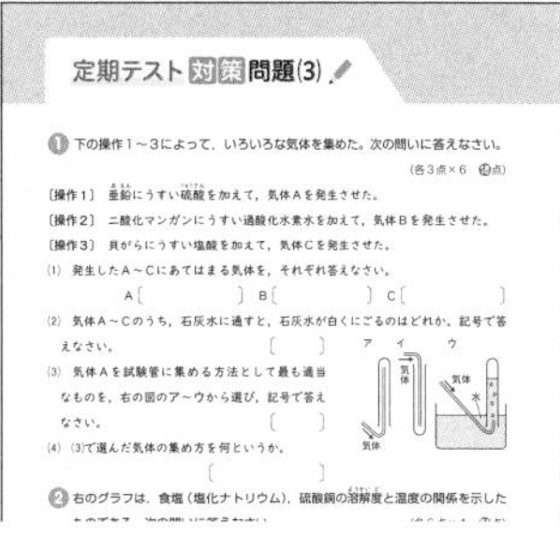

中1 理科 ‖ 目次

物質・エネルギー（1分野）

復習 小学校で学習した「ものの性質」

1 ものの種類と重さ

① **ものの種類と重さ** 体積が同じでも，ものの種類がちがうと，重さもちがう。

2 磁石のはたらき

●磁石は鉄でできているものを引きつける。

●磁石はじかにふれていなくても，鉄でできているものを引きつけることができる。

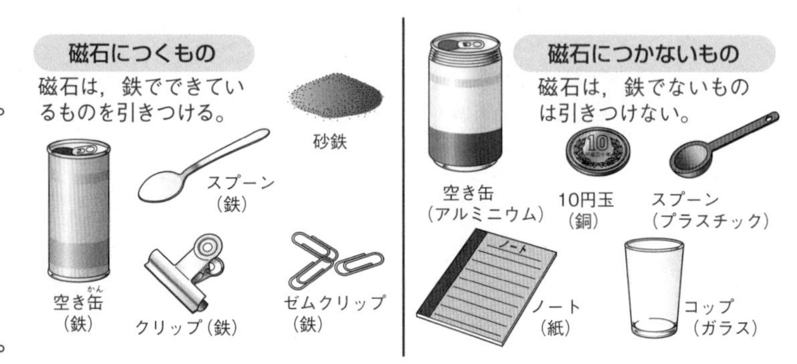

3 電気を通すものと通さないもの

① **電気を通すものと通さないもの** ものには，電気を通すものと通さないものがある。鉄，銅，アルミニウムなどの金属は電気を通す。

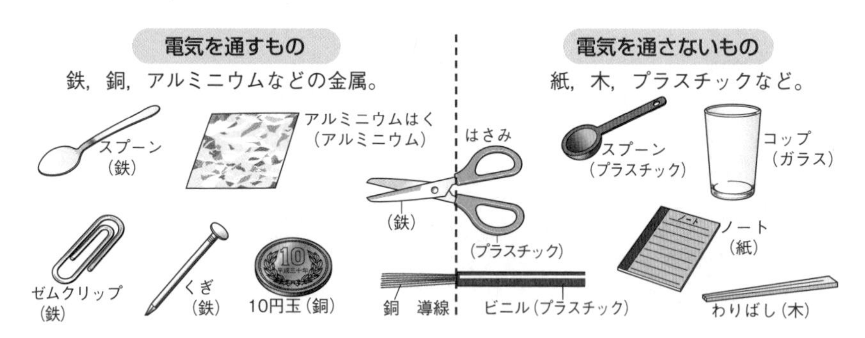

4 ものの温度と体積

① **ものの温度と体積** 空気，水，金属などは，熱せられると体積が大きくなり，冷やされると体積が小さくなる。

② **ものの種類と体積の変わり方** 空気，水，金属の温度による体積の変わり方は，ものによってちがっている。空気は，温度が変わると，体積が大きく変わるが，金属は，変わり方が小さい。

復習ドリル

1 ものの体積と重さについて正しく説明したものを，次のア～ウから選び，記号で答えなさい。〔　　　〕

ア　体積が同じならば，ものの種類がちがっても重さは同じ。

イ　体積が同じでも，ものの種類がちがうと重さもちがう。

ウ　体積がちがっても，ものの種類が同じならば重さは同じ。

思い出そう

◀同じ大きさの鉄の球と木の球の重さを比べるとわかる。

2 下の図にあげたものについて，「磁石に引きつけられるか，引きつけられないか」，「電気を通すか，通さないか」を調べた。次の問いに答えなさい。

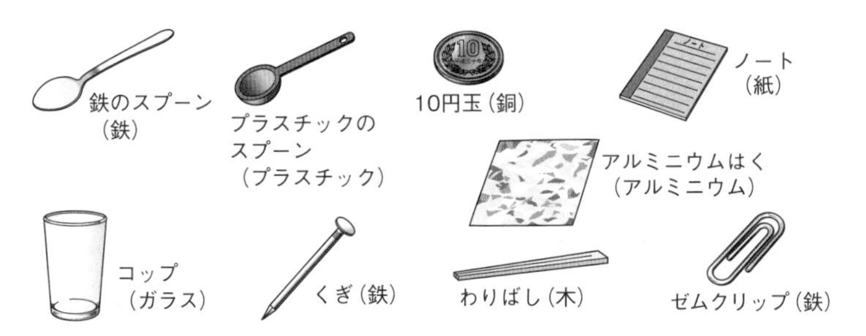

(1)　図にあるもののうち，磁石に引きつけられるものをすべて書きなさい。

〔　　　　　　　　　　　　　　　　　　　　　　　　〕

(2)　図にあるもののうち，電気を通すものをすべて書きなさい。

〔　　　　　　　　　　　　　　　　　　　　　　　　〕

◀すべての金属が磁石に引きつけられるわけではない。

◀磁石に引きつけられるものと，電気を通すものは，同じではない。

3 右の図のように，水を入れたガラス管を，空気の入った試験管にとりつけた。次の問いに答えなさい。

水

空気

(1)　試験管の空気をあたためると，ガラス管内の水の位置はどうなるか。〔　　　　　〕

(2)　空気のかわりに水を入れて同じ実験をすると，水面の位置の動き方は，空気のときと比べて大きいか，小さいか，同じか。〔　　　　　〕

◀ふつう，ものはあたためられると体積が大きくなる。体積の変わり方は，水，空気，金属で比べると，空気が最も大きく，金属が最も小さい。

1章 実験の基本操作－1

1 ガスバーナーの使い方

① 火のつけ方

❶上下2つのねじが閉まっていることを確かめる。
→ガス調節ねじ（下），空気調節ねじ（上）

❷ガスの元栓（もとせん）を開く。
→コックつきでは，次にコックを開く。

❸マッチに火をつけ，炎（ほのお）を近づけてから，ガス調節ねじをゆるめ，斜（なな）め下から火をつける。
→上からつけると，やけどをする。

❹さらに，ガス調節ねじをゆるめて，炎の大きさを調整する。
→10cm ぐらい

❺ガス調節ねじをおさえながら，空気調節ねじをゆるめて，青色の炎にする。
→ガス調節ねじも回ってしまうから。
→炎が赤いときは，空気が不足している。

② 火の消し方

❶空気調節ねじを閉じる。

❷ガス調節ねじを閉じて，火を消す。

❸元栓を閉じる。

ガスバーナーのしくみ

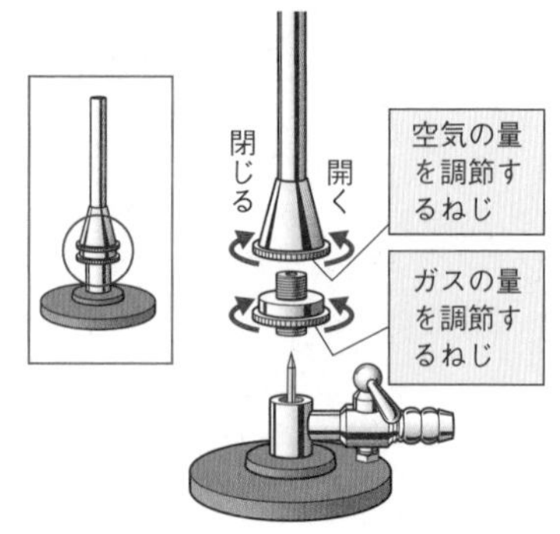

火のつけ方

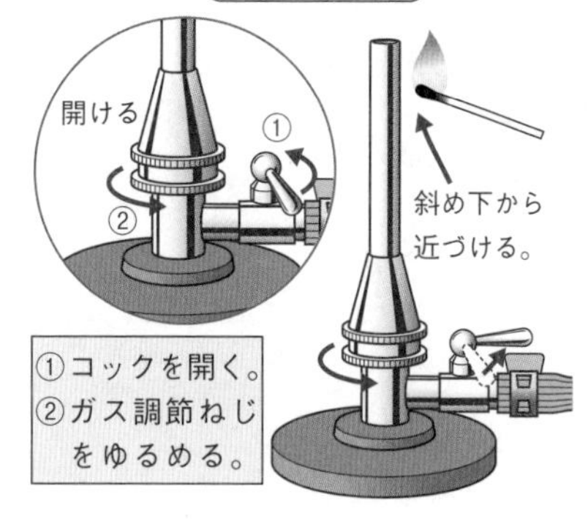

2 メスシリンダーの使い方

① 実験の目的に合ったメスシリンダーを用意し，
→はかりとりたい量よりも少し大きめのもの。
最小目盛りの体積がいくらかを確かめる。
→$1cm^3 = 1mL$

② 水平な台の上に置き，液面のへこんだ面を真横から見て，最小目盛りの $\frac{1}{10}$ まで目分量で読みとる。
→直角

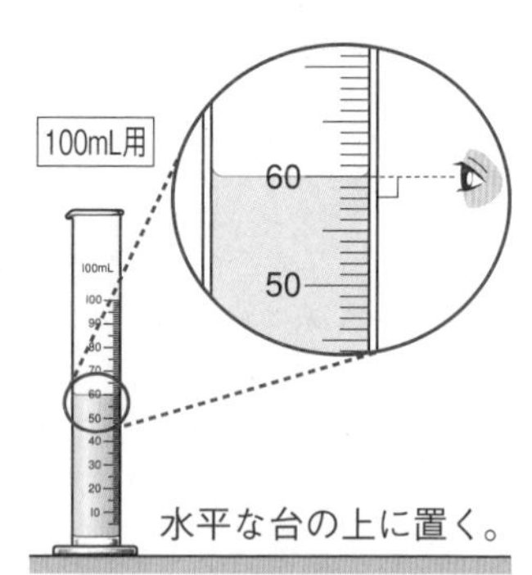

3 電子てんびんの使い方

① 物体の質量をはかる

❶水平な台の上に置き，表示の数字を0にする。

❷はかりたいものをのせて，数値を読みとる。

② 薬品をはかりとる

❶容器や薬包紙（やくほうし）をのせてから，表示の数字を0にする。
→薬品だけの質量をはかるため。

❷必要な質量になるように，はかりとりたいものをのせていく。

覚えると得

水銀の場合の目盛りの読み方

水銀は液面がふくらむので，液面の最も高いところを読む。

基本チェック

左の「学習の要点」を見て答えましょう。

学習日 月 日

① ガスバーナーの使い方について，次の問いに答えなさい。

チェック P.6 ❶

(1) 次の手順でガスバーナーに火をつける。〔 〕にあてはまることばを書きなさい。

❶上下２つのねじが〔① 〕ことを確かめてから，ガスの〔② 〕を開く。

❷マッチに火をつけ，炎を近づけてから，〔③ 〕をゆるめ，〔④ 〕から火をつける。さらに，③をゆるめて炎の大きさを調整する。

❸〔⑤ 〕をおさえながら，〔⑥ 〕をゆるめて，青色の炎にする。

(2) 次の手順でガスバーナーの火を消す。〔 〕にあてはまることばを書きなさい。

❶〔⑦ 〕を閉じる。

❷〔⑧ 〕を閉じて，火を消す。

(3) 右の図の〔 〕にあてはまることばを書きなさい。

② メスシリンダーの使い方について，次の文の〔 〕にあてはまることばや数字を書きなさい。

チェック P.6 ❷

・メスシリンダーは〔① 〕な台の上に置き，液面のへこんだ面を〔② 〕から見て，最小目盛りの〔③ 〕まで，目分量で読みとる。

③ 電子てんびんの使い方について，次の文の〔 〕にあてはまることばや数字を書きなさい。

チェック P.6 ❸

・電子てんびんは〔① 〕な台の上に置く。物体の質量をはかるときは，表示を〔② 〕にしてから，はかりとりたいものをのせる。薬品をはかりとるときは，容器や薬包紙をのせてから，表示を〔③ 〕にする。

1章 実験の基本操作－2

4 上皿てんびんの使い方

① **物体の質量をはかる**

❶水平な台の上に置き，指針が左右に等しく振れるように**調節ねじ**を回す。
（左右に等しく振れる→止まるまで待たなくてよい。）

❷はかろうとするものを左の皿にのせ，右の皿に少し重いと思われる**分銅**をのせ，つり合うように分銅をかえていく。
（左の皿→左ききの人は右の皿）
（右の皿→左ききの人は左の皿）

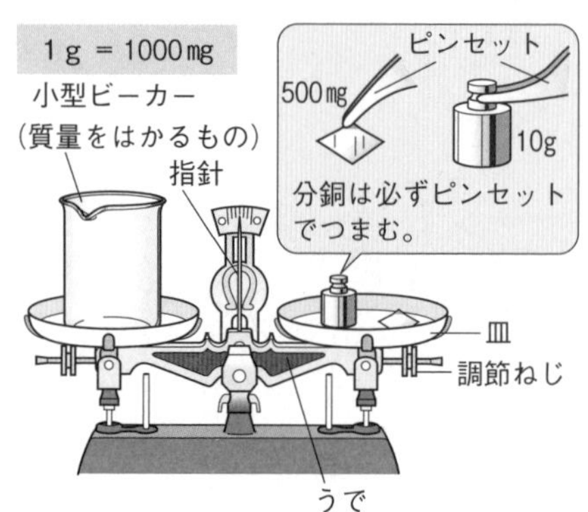

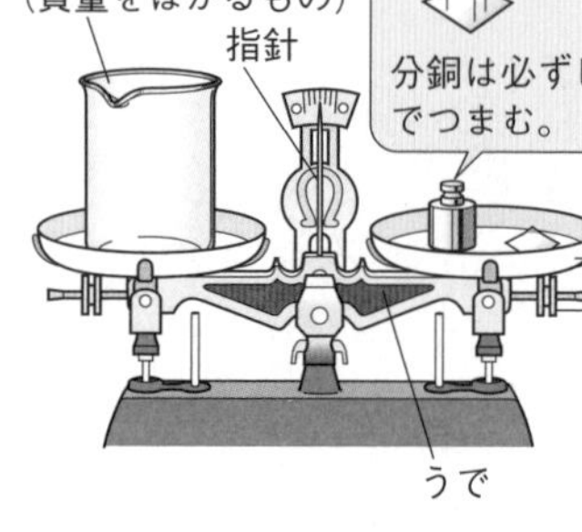

② **薬品をはかりとる**

❶両方の皿に薬包紙を置き，左の皿にはかりとりたい質量の分銅をのせる。
（両方の皿に薬包紙を置き→皿をよごさないために置く。）

❷右の皿に薬品を少量ずつのせていき，つり合わせる。

③ **測定後のかたづけ**

❶一方の皿を他方の皿に重ね，うでが動かないようにする。
（一方の皿→ほかのてんびんの皿と，とりちがえないようにする。）

ミスに注意

分銅（ふんどう）はピンセットで

分銅は，必ずピンセットでつまむ。指でつまむと，分銅によごれがついたり，さびが生じたりして，質量が変わってしまう。

覚えると得

沸騰石

沸騰石を入れないと，突沸（とっぷつ）（急に沸騰して，大きな泡（あわ）が出ること）して，液体が飛び出ることがあり，危険である。

5 試験管の取り扱（あつか）い方

① **液の注ぎ方と入れる量**　試験管の壁（かべ）に伝わらせて注ぎ入れる。加熱する液は，試験管の$\frac{1}{5}$～$\frac{1}{4}$の量にして，あまり多く入れない。

② **加熱するとき**

液体の物質を加熱するときは，沸騰石（ふっとうせき）を入れる。試験管ばさみで試験管の上のほうをはさみ，振りながら加熱する。固体の物質を入れて加熱するときは，試験管の口を**水平より下げる**。

試験管の使い方

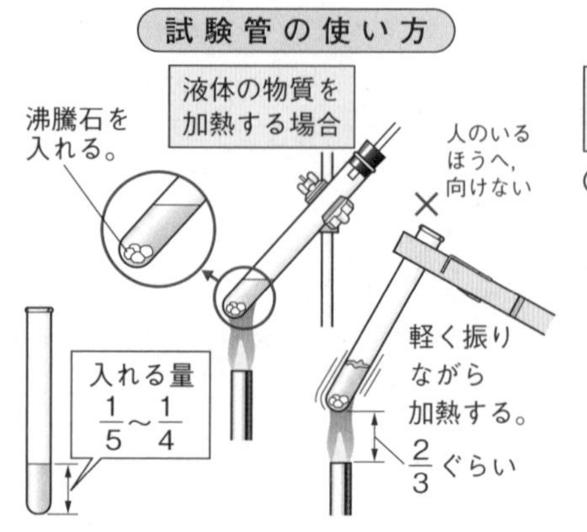

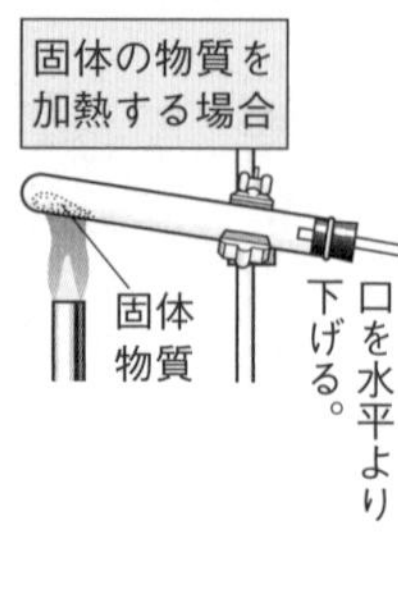

基本チェック

左の「学習の要点」を見て答えましょう。

学習日　　月　　日

4 上皿てんびんの使い方について，次の文や図の〔　〕にあてはまることばを書きなさい。

チェック P.8 4

・上皿てんびんを水平な台の上に置き，指針が〔①　　　　　〕ように調節ねじを回す。

・分銅は，必ず〔②　　　　　〕でつまむ。

・物体の質量をはかるときは，右ききの人は，はかろうとするものを〔③　　　〕の皿にのせ，もう一方の皿には，はかろうとするものよりも少し〔④　　　〕と思われる分銅をのせ，つり合うように分銅をかえていく。

・薬品をはかりとるときは，両方の皿に薬包紙を置き，右ききの人は〔⑤　　　〕の皿にはかりとりたい質量の分銅をのせ，もう一方の皿に薬品を少量ずつのせていき，つり合わせる。

・測定後にかたづけるときは，一方の皿をもう一方の皿に〔⑥　　　　〕，うでが動かないようにする。

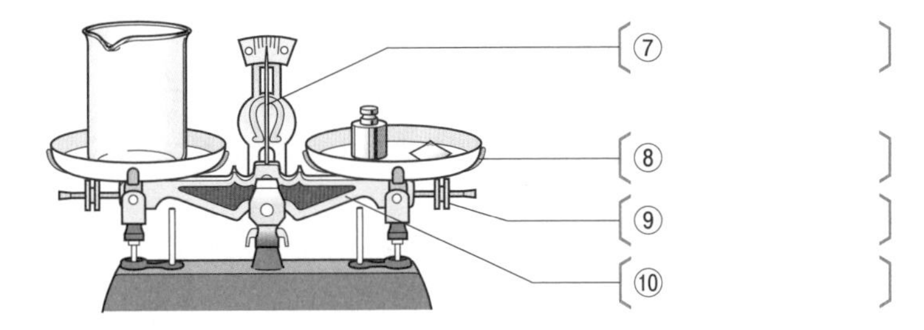

5 試験管の取り扱い方について，次の文の〔　〕にあてはまることばや数字を書きなさい。

チェック P.8 5

・試験管に液を注ぐときは，試験管の壁に〔①　　　　〕て注ぎ入れる。

・液を試験管に入れて加熱する場合は，液の量は試験管の〔②　　　　〕～〔③　　　　〕の量にして，あまり多く入れないようにする。また，突沸を防ぐために，必ず〔④　　　　〕を入れる。

・試験管ばさみで，試験管の〔⑤　　　　〕のほうをはさみ，軽く〔⑥　　　　〕ながら加熱する。

・固体の物質を入れて加熱するときは，試験管の口を水平より〔⑦　　　　〕。

基本ドリル

単元1 物質の性質

1章 実験の基本操作

1 図1はガスバーナーの下部を表し，図2はガスの元栓（もとせん）を表している。次の問いに答えなさい。

チェック P.6 ① （各4点×12 48点）

(1) それぞれの文の〔　〕にあてはまることばを，図1，図2のことばから選んで書きなさい。

図1　図2

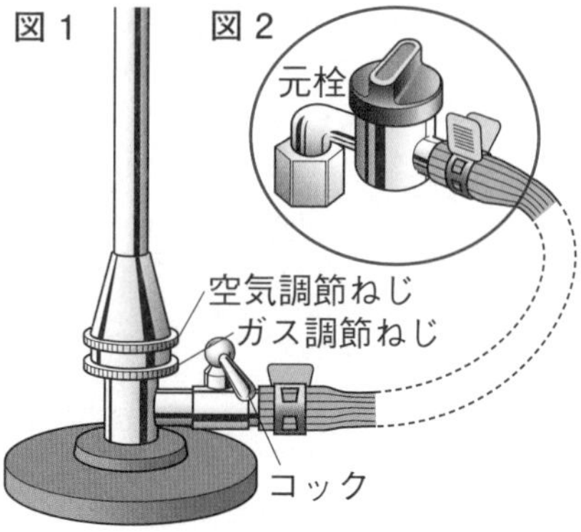

元栓

空気調節ねじ

ガス調節ねじ

コック

〔火のつけ方〕

❶ガスの〔①　　　〕を開き，次に，〔②　　　〕を開く。

❷マッチに火をつけ炎（ほのお）を近づけてから，〔③　　　〕をゆっくり回し，斜（なな）め下から火をつける。

❸〔④　　　〕をおさえながら，〔⑤　　　〕をゆるめて，炎の色を調整する。

〔火の消し方〕

❶まず，〔①　　　〕を閉じる。

❷次に，〔②　　　〕を閉じて火を消し，コックを閉じてから最後に〔③　　　〕を閉じる。

(2) 図3のガスの元栓や空気調節ねじ，ガス調節ねじを開くとき，ア，イのどちらの向きに回したらよいか。

〔　　　〕

図3

(3) ガスバーナーの炎の色について，次の問いに答えなさい。

① 炎の色が黄または赤色になるのは，空気の量が多すぎるときか，空気の量が不足しているときか。

〔　　　〕

② 炎の色は，赤，橙（だいだい），青色のどの色にして使うのがよいか。

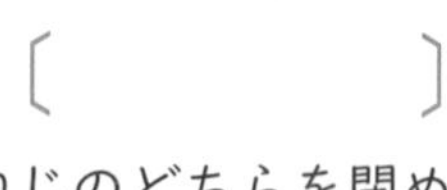

(4) ガスバーナーの炎が大きい場合は，空気調節ねじとガス調節ねじのどちらを閉めるか。

〔　　　〕

学習日　月　日　得点　点

2 右の図は，100cm³用と200cm³用のそれぞれのメスシリンダーに食塩水を入れたところである。次の問いに答えなさい。 チェック P.6 ❷ （各５点×４　20点）

(1) 100cm³用，200cm³用のそれぞれのメスシリンダーの，１目盛り（最小目盛り）の体積は何cm³か。

100cm³用［　　　］

200cm³用［　　　］

(2) 右の図で，食塩水アと食塩水イのそれぞれの体積を読みとって書きなさい。

ア［　　　］　イ［　　　］

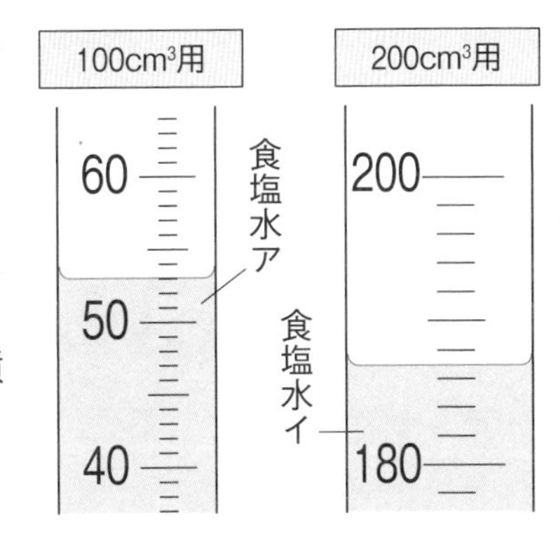

3 上皿てんびんを使い，下の❶～❸の手順で一定量の水の質量をはかった。右の図を見ながら，次の問いに答えなさい。 チェック P.8 ❹ （各８点×４　32点）

❶まず，両方の皿に何ものせないで，てんびんをつり合わせた。

❷図１のように，左の皿にビーカーをのせてから，右の皿に分銅をのせていってつり合わせた。

❸図２のように，このビーカーに水を入れて左の皿にのせてから，右の皿に分銅をのせていってつり合わせた。

図1

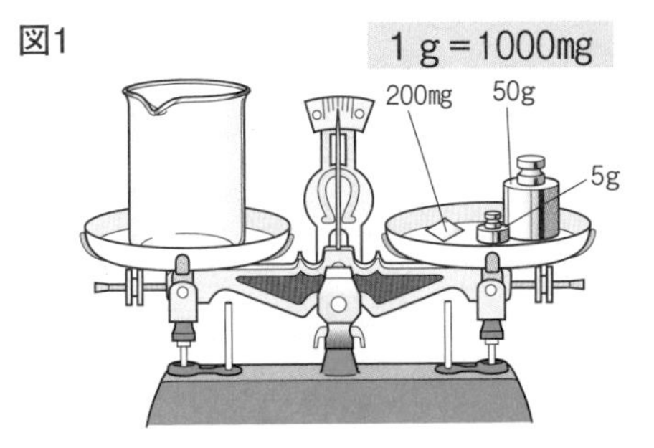

図2

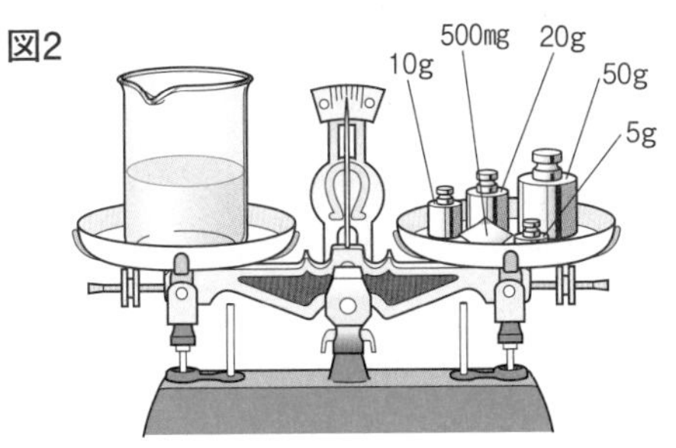

(1) ❶で，指針の振（ふ）れがどのようになったとき，てんびんがつり合ったとしてよいか。簡単に書きなさい。

［　　　］

(2) ❷で，ビーカーの質量は何ｇか。［　　　］

(3) ❸で，ビーカーと水を合わせた質量は何ｇか。［　　　］

(4) この水の質量は何ｇか。［　　　］

練習ドリル

単元1 物質の性質

1章 実験の基本操作

学習日 月 日 得点 点

1 体積をはかるため，食塩水をメスシリンダーに入れたところ，液面が右の図のようになった。次の問いに答えなさい。 (各6点×5 30点)

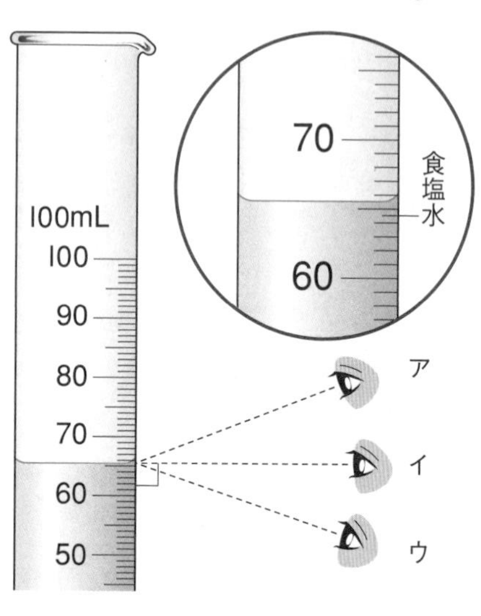

(1) このメスシリンダーの最大容量（最大何cm^3までの体積をはかることができるか）は何cm^3か。また，1目盛りは何cm^3か。

最大容量〔 〕 1目盛り〔 〕

(2) 右の図で，目盛りを読むとき，目の高さはア～ウのどの高さにしたらよいか。

〔 〕

(3) この食塩水の体積は何cm^3か。1目盛りの$\frac{1}{10}$まで読みとって答えなさい。

〔 〕

(4) メスシリンダーを使って，食塩水をちょうど15cm^3はかりとりたい。このとき，最大容量が何cm^3のものを使うのが最も適切か。下の｛ ｝の中から選んで答えなさい。

〔 〕

｛ 10cm^3用 20cm^3用 200cm^3用 ｝

2 右の図は，試験管に入れた炭酸水を熱して，二酸化炭素を集めているところである。次の問いに答えなさい。 (各10点×2 20点)

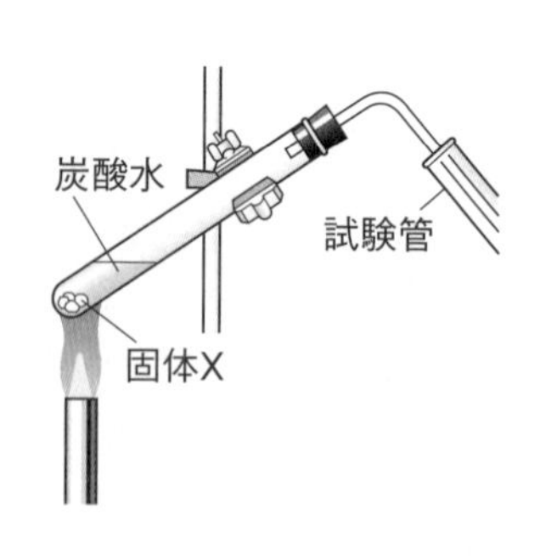

(1) 試験管の中に，加熱する前に入れておく固体Xは何か。

〔 〕

(2) 試験管の中に(1)を入れる理由を簡単に書きなさい。

〔 〕

得点UPコーチ

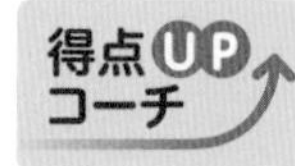

1 (1)1mL=1cm^3である。

(3)液面は，最小目盛りの65と66の中間の高さにある。

(4)大きなメスシリンダーを用いると，それだけ誤差が大きくなってしまう。

1章 実験の基本操作

学習日　　月　　日　得点　　点

1 図1，図2のように，メスシリンダーを用いて銅のかたまりの体積をはかった。これについて，次の問いに答えなさい。　(各7点×6　42点)

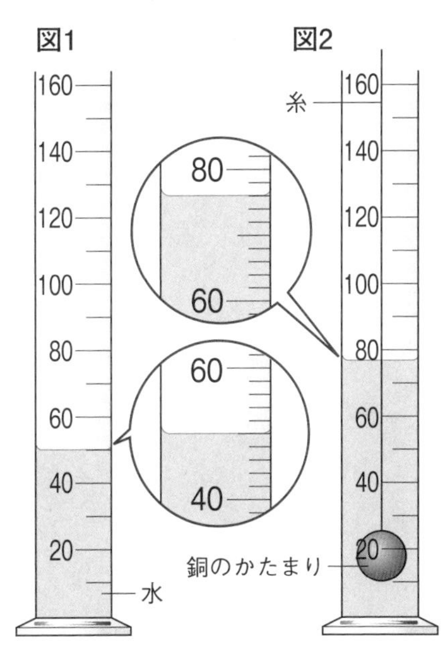

(1)　図1は，メスシリンダーの中に水を入れたところである。水の体積は何cm^3か。

〔　　　〕

(2)　図2は，銅のかたまりを水中に沈(しず)めたところである。液面（水位）は何cm^3になっているか。　〔　　　〕

(3)　銅のかたまりの体積は何cm^3か。

〔　　　〕

(4)　次の文の〔　〕にあてはまることばを書きなさい。

物体が大きすぎてメスシリンダーの中に入らないときは，❶ビーカーなどに水を満ぱいまで入れ，❷その水の中に〔①　　　〕を静かに沈め，〔②　　　〕水を別の入れものに集める。この水の〔③　　　〕をはかれば，それが物体の体積となる。

2 右の図は，ガスバーナーの炎(ほのお)を表している。この図をもとに，次の問いに答えなさい。　(各4点×2　8点)

(1)　点火をするときは，図の矢印のア，イのどちらの方向からマッチの火を近づけたらよいか。　〔　　　〕

(2)　試験管に入れた液体を加熱する。このとき，図のA，Bのどちらの部分に試験管の底をかざせばよいか。

〔　　　〕

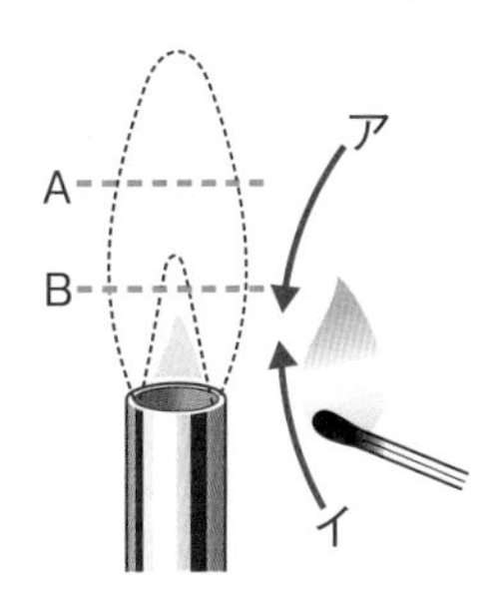

1 (1)液面は50.0cm^3を示している。
(3)銅のかたまりの体積は，(2)−(1)で求められる。
(4)物体の体積を水の体積に置き換(か)えて，測定している。

2章 物質の性質－1

1 物体と物質

① **物体**　コップ，缶(かん)など，形や使う目的で区別したもののこと。

② **物質**　形や大きさ，使う目的に関係なく，物体をつくっている材料となるもののこと。

例 ガラス，プラスチック，鉄，アルミニウム，紙など。

● 見た目は似ていても，性質のちがいを調べれば，物質は区別できる。

2 有機物と無機物

① **白い粉末の区別**　砂糖と食塩など，見た目だけでは区別できない物質は，手ざわり，におい，粒(つぶ)のようす，水に入れたときのようす，熱したときのようすなど，性質のちがいを調べて区別する。

② **有機物**　砂糖やデンプンなどのように，**炭素をふくむ物質**。熱すると炭ができ，さらに熱すると二酸化炭素や水ができる。

例 砂糖，ロウ，プラスチック，木，エタノールなど。

③ **無機物**　食塩や金属など，**有機物以外の物質**。熱しても有機物のように，二酸化炭素は発生しない。

例 食塩，ガラス，鉄，アルミニウム，酸素，水など。

④ **白い物質を加熱したときのようす**

❶砂糖，かたくり粉，食塩を燃焼さじにのせて，ガスバーナーの炎(ほのお)の中に入れて加熱した。⇒かたくり粉と砂糖は火がついて燃えたが，食塩は変化しなかった。

❷石灰水の入った集気びんの中に，かたくり粉，砂糖を入れて燃やした。火が消えたらとり出して，集気びんにふたをしてよく振(ふ)ると，石灰水は白くにごった。⇒砂糖とかたくり粉は燃やすと**二酸化炭素**が発生するため，有機物である。

! ミスに注意

食品とわかっているものは，手ざわり，におい，味を調べることができるが，何かわからない薬品は，危険なので，絶対なめたりさわったりしないこと。

重要 テストに出る

●用語　有機物
　　　　無機物
おもな粉末の性質をおさえておこう。

覚えると得

炭素や二酸化炭素は炭素をふくむ物質であるが，無機物として扱(あつか)う。

❷
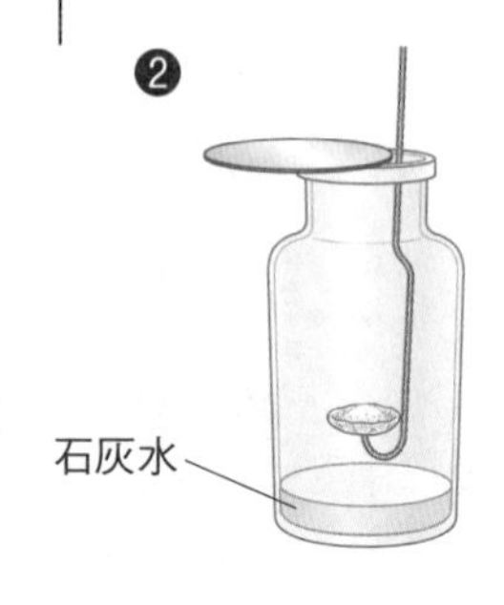

左の「学習の要点」を見て答えましょう。

学習日　　月　　日

1 次の文の〔　〕にあてはまることばを書きなさい。 チェック P.14❶❷

・形や大きさ，使う目的に関係なく，物体をつくっている材料となるものを〔①　　　〕という。例えば，「コップ」や「くぎ」は物体の名前だが，その材料である「ガラス」や「鉄」は①の名前である。

・見た目は似ていても，性質のちがいを調べれば，①は区別〔②　　　〕。

・砂糖やデンプンなどのように，〔③　　　〕をふくみ，熱すると炭になり，〔④　　　〕や水ができる物質を〔⑤　　　〕という。

・食塩や金属など，熱しても⑤のように〔⑥　　　〕が発生しない⑤以外の物質を〔⑦　　　〕という。

2 砂糖，かたくり粉，食塩の３種類の白い物質を加熱して，ようすを調べた。次の文や表の〔　〕にあてはまることばを書きなさい。 チェック P.14❷

❶図１のように，３種類の物質を燃焼さじにのせて，ガスバーナーの炎の中に入れて加熱し，変化のようすを調べた。

❷図２のように，石灰水の入った集気びんに❶で火がついたかたくり粉と砂糖を入れて燃やし，その後，集気びんにふたをしてよく振った。

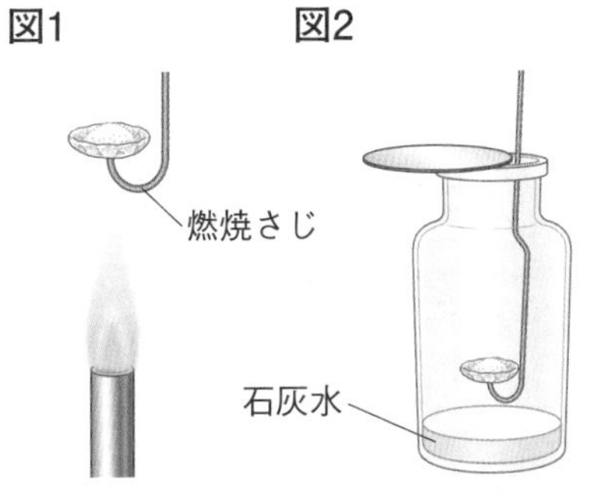

物質	加熱したときのようす	石灰水のようす
砂糖	茶色になった後〔①　　　〕	白くにごった。
食塩	〔②　　　〕	ー
かたくり粉	火がついて燃えた。	〔③　　　〕

・砂糖やかたくり粉が燃えると〔④　　　〕が発生し，石灰水が白くにごった。このことから，砂糖やかたくり粉は，〔⑤　　　〕をふくむ〔⑥　　　〕である。食塩は⑥以外の物質で〔⑦　　　〕である。

2章 物質の性質－2

3 金属と非金属

① **金属に共通の性質**

a　みがくと金属特有のかがやき（金属光沢（こうたく））が出る。

例 スプーンや指輪などをみがくと光る。

b　たたくと広がり（展性（てんせい）），引っぱるとのびる（延性（えんせい））。

例 アルミニウムはくをつくる。

c　電気をよく通す。

例 電線や実験で使う導線。

d　熱をよく伝える。

例 鉄のフライパンを火にかけ，料理をつくる。

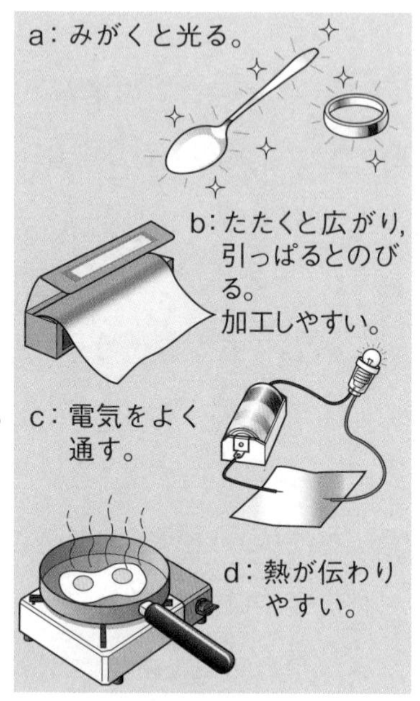

② **非金属**　①のa～dの性質をもつものを**金属**といい，金属以外の物質を**非金属**という。

例 ガラス，プラスチック，木，ゴムなど。

4 密度

① **質量**　上皿てんびんではかることのできる物質の量。

② **密度**　物質 $1\,cm^3$ あたりの質量を密度という。

③ **物質の密度**　密度は物質の形や大きさに関係なく，物質の種類によって決まっている。金属は密度で区別できる。

$$密度〔g/cm^3〕= \frac{物質の質量〔g〕}{物質の体積〔cm^3〕}$$

④ **密度とものの浮き沈み（うきしずみ）**　液体中で物体が浮くか沈むかは，その物質の密度が，液体の密度より大きいか小さいかで決まる。例えば，氷の密度は水より小さいため，氷は水に浮く。

! ミスに注意

磁石につくもの
磁石につくのは，鉄などの一部の金属だけなので，磁石につくことは，金属共通の性質ではない。

覚えると得

金属の性質の利用
鏡は，ガラスの表面に，銀やアルミニウムのうすい膜（まく）がついていて，金属の金属光沢を利用している。金ぱくは，たたくとうすく広がる性質（展性）を利用してつくられる。

温度と密度
同じ物質でも，温度が変われば，密度も変わる。

気体の密度
気体の場合は，1L（$1000\,cm^3$）あたりの質量（g）で密度（g/L）を表すこともある。

基本チェック

左の「学習の要点」を見て答えましょう。

学習日　月　日

③ 金属について，次の文の〔　〕にあてはまることばを書きなさい。

チェック P.16③

・金属に共通する性質には，次のようなものがある。

a　みがくと金属特有のかがやきである〔①　　　〕が出る。

b　たたくと広がり，引っぱると〔②　　　〕。

c　〔③　　　〕をよく通す。

d　〔④　　　〕をよく伝える。

・次の道具などは，金属の次のような性質を利用している。

・金ぱくや，アルミニウムはく

……〔⑤　　　〕性質を利用している。

・フライパンで料理する…〔⑥　　　〕性質を利用している。

・導線……………………〔⑦　　　〕性質を利用している。

・アクセサリー，鏡……〔⑧　　　〕性質を利用している。

・磁石につくのは，鉄などの一部の金属だけなので，金属に共通した性質で〔⑨　　　〕。

・金属以外の物質を〔⑩　　　〕という。

④ 密度について，次の文の〔　〕にあてはまることばを書きなさい。

チェック P.16④

・上皿てんびんではかることのできる物質の量を〔①　　　〕という。

・物質 1 cm^3 あたりの質量を〔②　　　〕という。

$$密度 = \frac{物質の〔③　　　〕}{物質の〔④　　　〕}$$

・4℃の水 1 cm^3 の質量は 1 g である。したがって，4℃の水の密度は，

（式）〔⑤　　　〕

（答え）〔⑥　　　〕

・同じ物質でも，温度が変化すると，密度も〔⑦　　　〕。

基本ドリル 2章 物質の性質

1 わたしたちの身のまわりには，さまざまな物体があり，それぞれの物体はいろいろな物質からつくられている。物体と物質のちがいについて，次の問いに答えなさい。

チェック P.14❶ (各５点×３ ⑮点)

(1) はさみ，机，ものさしなどの名前は，物体の名前か，物質の名前か。

〔　　　　〕

(2) ガラス，プラスチック，鉄，木などの名前は，物体の名前か，物質の名前か。

〔　　　　〕

(3) アルミ缶(かん)とスチール缶の性質は，すべて同じか，ちがう性質もあるか。

〔　　　　〕

2 砂糖，デンプン，食塩はいずれも白い粉末で，見た目だけでは区別できない。それぞれの一部を，下の図のように，ガスバーナーで加熱した。次の問いに答えなさい。

チェック P.14❷ (各５点×７ ㉟点)

(1) 加熱すると，パチパチとはねるが，燃えないものが１つあった。それはどれか。〔　　　　〕

(2) 加熱すると，燃えて黒くこげるものが２つあった。それはどれとどれか。

〔　　　　〕〔　　　　〕

アルミニウムはくをまく。
炭になる → 有機物
(炭素をふくむ)
炭にならない → 無機物
(炭素をふくまない)
燃焼さじ

(3) (2)のように，加熱すると，黒くこげて炭になり，さらに加熱すると，二酸化炭素と水ができる物質を何というか。〔　　　　〕

(4) (3)のように黒くこげて炭になるのは，何をふくんでいるからか。

〔　　　　〕

(5) (3)以外の物質を何というか。〔　　　　〕

(6) (2)の２つの物質をさらに見分けるために，それぞれを水の入ったビーカーに入れてとかしてみた。水にとけたのはどちらか。

〔　　　　〕

学習日	得点
月　日	点

3 金属にはいくつかの共通した性質があるため，金属と金属でないものに区別できる。次の問いに答えなさい。

チェック P.16③（各5点×6　30点）

(1) 金属はみがくと光る。この金属特有のかがやきを何というか。〔　　　　〕

(2) 右の図のように，金属を金とこにのせて，金づちでたたいてみた。このとき，金属はどのようになるか。〔　　　　〕

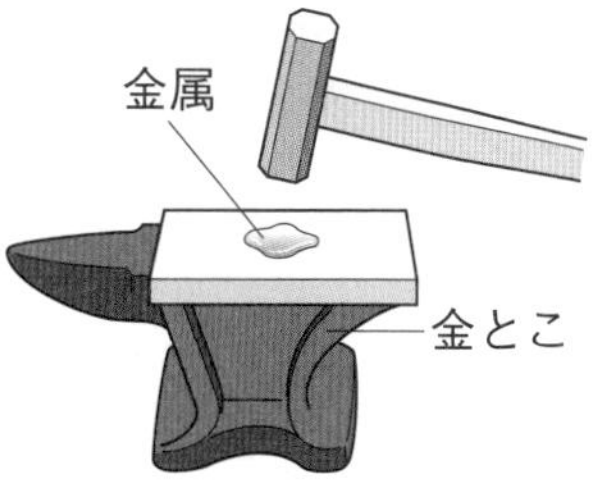

金属
金とこ

(3) 金属に電流が流れるかどうか調べた。金属には電流は流れるか。〔　　　　〕

(4) 金属が磁石につくかどうか調べてみた。磁石につかない金属はあるか。〔　　　　〕

(5) 金属と木では，熱が伝わりやすいのはどちらか。〔　　　　〕

(6) 金属でない物質を何というか。〔　　　　〕

4 上皿てんびんではかる物質の量を質量という。体積と質量について，次の問いに答えなさい。

チェック P.16④（各4点×5　20点）

(1) 体積100cm^{3}の鉄，アルミニウム，銅のかたまりがある。これらの質量はすべて同じか。〔　　　　〕

(2) 物質の1cm^{3}あたりの質量を何というか。〔　　　　〕

(3) メスシリンダーに50.0cm^{3}の水を入れ，さらにある金属のかたまりを入れたところ，右の図のようになった。水面が示すメスシリンダーの目盛りを読みとりなさい。〔　　　　〕

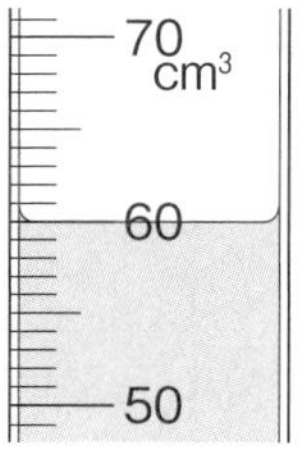

70
cm^3
60
50

(4) この金属のかたまりの体積は何cm^{3}か。〔　　　　〕

(5) この金属のかたまりの質量は78.0gであった。この金属の密度は何g/cm^{3}か。〔　　　　〕

2章 物質の性質

学習日 月 日 得点 点

1 砂糖，食塩，小麦粉の３つの白い粉末がある。右の図のように，それぞれを燃焼さじにとり，加熱して集気びんに入れ，ようすのちがいを調べた。次の問いに答えなさい。

((1)〜(6)各７点，(7)８点 50点)

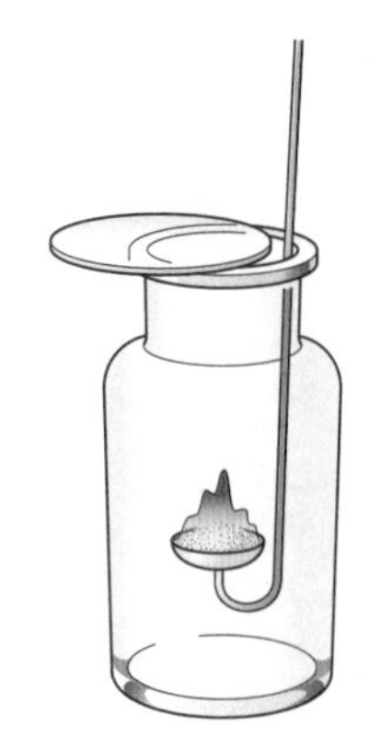

(1) 砂糖と小麦粉は燃えて，集気びんの内側が白くくもった。これは燃えることによって何ができたからか。

〔　　　　〕

(2) 砂糖と小麦粉は，燃えてどのようになったか。

〔　　　　〕

(3) 燃焼さじをとり出してから，集気びんに石灰水を入れ，よく振(ふ)った。このとき，砂糖と小麦粉を燃やした集気びんでは，石灰水に変化があった。石灰水はどのように変化したか。 〔　　　　〕

(4) 石灰水が変化したことから，砂糖と小麦粉を燃やすと何ができるか。

〔　　　　〕

(5) 砂糖や小麦粉のように，燃えて(1)や(4)で答えたものができる物質を何というか。

〔　　　　〕

(6) 食塩は，加熱しても，砂糖や小麦粉と同じように燃えることはなく，(1)や(4)で答えたものもできなかった。このような物質を何というか。 〔　　　　〕

(7) (5)に分類される物質はどれか。次のア〜カからすべて選び，記号で答えなさい。

〔　　　　〕

ア ガラス	イ アルミニウム	ウ エタノール
エ 鉄	オ プラスチック	カ ロウ

得点UPコーチ

1 (1)燃えてできた水滴(すいてき)によって白くくもった。(3)，(4)石灰水が白くにごったことから二酸化炭素ができたとわかる。

(5)，(6)炭素をふくむ物質を有機物といい，有機物以外の物質を無機物という。

発展ドリル

2章 物質の性質

学習日　　月　　日　得点　　点

1 右の図は，4℃の水と20℃のエタノールの密度を示したものである。次の問いに答えなさい。

（各7点×5　35点）

水	1.00 g/cm³
エタノール	0.79 g/cm³

(1)　物質の形が変化すると，密度は変化するか。　〔　　　〕

(2)　4℃の水100cm³と20℃のエタノール100cm³の質量は，それぞれ何gか。

水〔　　　〕　エタノール〔　　　〕

(3)　体積が200cm³で質量が182gの物質の密度は何g/cm³か。

〔　　　〕

(4)　(3)の物質は水に浮(う)くか，沈(しず)むか。ただし，(3)の物質は水にとけないものとする。

〔　　　〕

2 白い粉末A，B，Cがある。これらは，食塩，デンプン，砂糖のいずれかである。これらを見分けるために，実験1・2を行った。次の問いに答えなさい。

（各5点×3　15点）

〔実験1〕粉末A，B，Cの一部を燃焼さじにとり，加熱したところ，AとCは燃えて黒くこげ，Bは火がつかなかった。

〔実験2〕粉末A，B，Cの一部を水にとかしたところ，AとBは水にとけたが，Cは水にとけなかった。

(1)　**実験1**より，粉末Bは何であるか。　〔　　　〕

(2)　**実験1**で，AとCは燃えて黒くこげた。このように燃えて炭になる物質を何というか。　〔　　　〕

(3)　**実験2**より，粉末Cは何であるとわかるか。　〔　　　〕

1 (1)密度は，物質の種類によって決まっている。 (4)物体が浮くか沈むかは，液体と物体の密度の大小で決まる。

2 (1)砂糖とデンプンは有機物なので黒くこげるが，食塩は無機物なので変わらない。 (3)デンプンは水にとけない。

物質の性質

❶ ガスバーナーへの点火のしかたについて，次の問いに答えなさい。

((1)各６点×２，(2)８点 ⑳点)

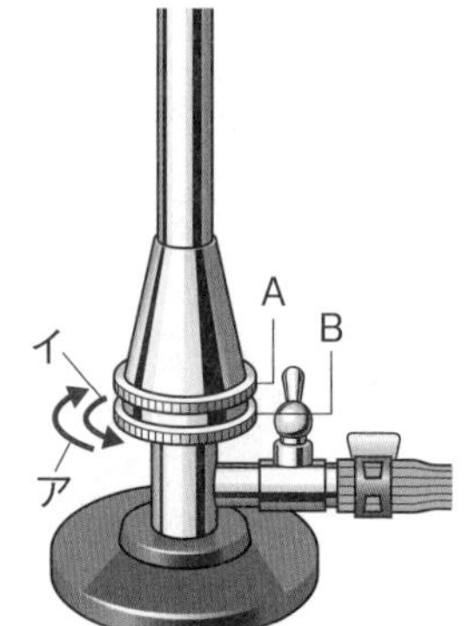

(1) ガスを出すとき，ねじA，Bのどちらを，ア，イのどちらの向きに回すか。　回すねじ〔　　　〕 回す向き〔　　　〕

(2) 点火するときの正しい操作を，次のア～ウから選び，記号で答えなさい。〔　　　〕

ア　まず，ガス調節ねじを開き，次に，空気調節ねじを開いてから点火する。

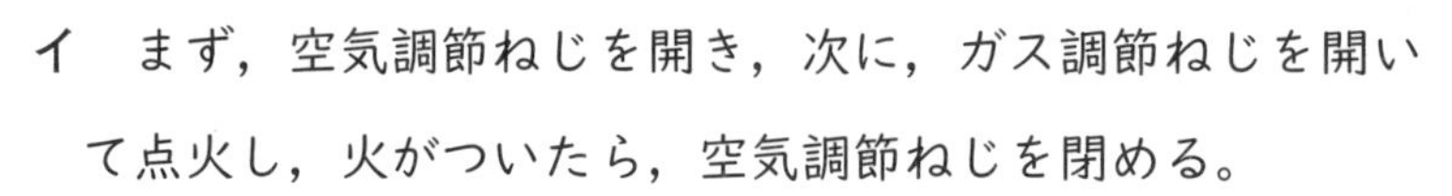

イ　まず，空気調節ねじを開き，次に，ガス調節ねじを開いて点火し，火がついたら，空気調節ねじを閉める。

ウ　まず，ガス調節ねじを開き，空気調節ねじは閉じた状態にして点火し，火がついたら，空気調節ねじを開いて空気の量を調節する。

❷ デンプン，食塩，砂糖のいずれかである，白色の粉末A～Cを用いて，実験❶・❷を行い，その結果を，右の表にまとめた。次の問いに答えなさい。

(各５点×４ ⑳点)

粉末	実験❶ 20℃の水20cm³に，粉末2gを入れて，よくかき混ぜた。	実験❷ 粉末を金属のスプーンにとって，加熱した。
A	すべてとけて，液は透明になった。	白い粉が残った。
B	すべてとけて，液は透明になった。	黒くこげた。
C	とけずに，液は白くにごった。	黒くこげた。

(1) 実験❷で黒くこげたのは，粉末B，Cが何という物質だったためか。

〔　　　　〕

(2) 粉末A～Cは，デンプン，食塩，砂糖のうちのどれか。

A〔　　　〕 B〔　　　〕 C〔　　　〕

❶ (2)空気調節ねじを閉じた状態にして火をつけないと，うまく点火できない。火がついたら，空気調節ねじを回して空気の量を調節する。

❷ 炭素をふくむ有機物は，熱すると黒くこげる。

学習日　　月　　日　得点　　点

3 スチール缶(かん)は鉄，アルミ缶はアルミニウムからできている。この２つの物質の性質に，ちがいがあるのかを調べた。次の問いに答えなさい。　（各10点×３　30点）

(1)　スチール缶とアルミ缶を用いて，次のア～エのことを調べてみた。このうち，２つの缶の結果が同じでないものはどれか。記号で答えなさい。　〔　　　〕

ア　２つの缶に電流が流れるかどうか調べた。

イ　２つの缶をやすりでみがくと，光るかどうか調べた。

ウ　２つの缶が磁石につくかどうか調べた。

エ　２つの缶を金づちでたたくと，うすく広がるかどうか調べた。

(2)　(1)で答えたことを調べた結果はどのようになったか。簡単に書きなさい。

〔　　　　　　　　　　　　　〕

(3)　鉄とアルミニウムは，どちらも金属であるといえるか。　〔　　　〕

4 上皿てんびんを使い，下の❶～❸の手順で，食塩を35ｇはかりとった。図を見ながら，次の問いに答えなさい。　（各10点×３　30点）

❶両方の皿に薬包紙をのせてから，てんびんをつり合わせた。

❷自分のききうでの反対側（右ききならば左側）の皿に，はかりとる食塩の質量分の分銅をのせた。

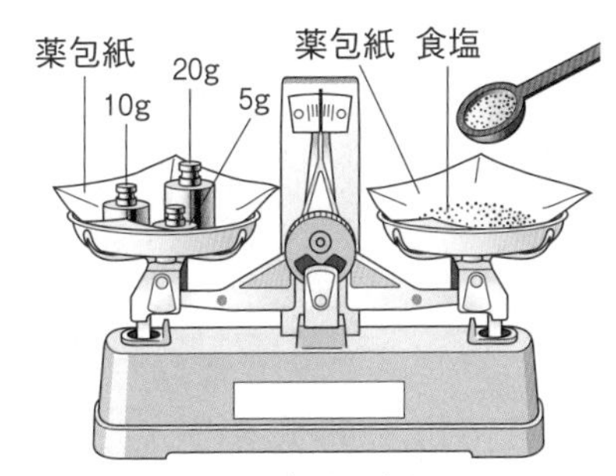

❸もう一方の皿に，〔　　　　〕を少しずつのせていってつり合わせた。

(1)　❶で，何のために薬包紙をのせたか，簡単に書きなさい。

〔　　　　　　　　〕

(2)　❷で，何ｇ分の分銅をのせたか。　〔　　　〕

(3)　❸の文の〔　〕にあてはまることばを書きなさい。

3 金属にはさまざまな種類があり，種類によって，性質が異なる。例えば，鉄は磁石につくが，これはすべての金属に共通の性質とはいえない。

4 (3)一方の皿に分銅，もう一方に皿にはかりとるものをのせ，つり合わせる。

定期テスト対策問題(1)

1 右の図のようなガスバーナーの使い方について，次の問いに答えなさい。 （(2)10点，(1)(3)(4)各５点×５ 35点）

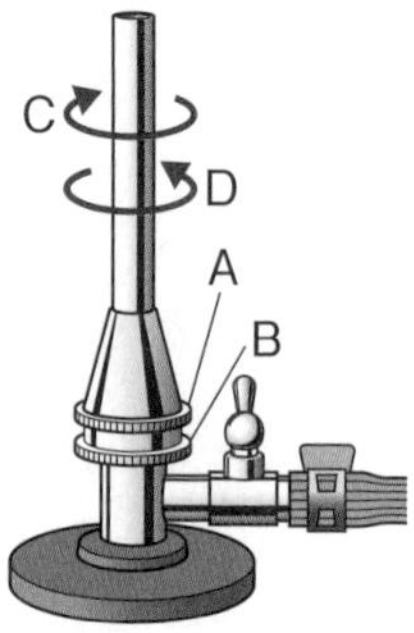

(1) 図のＡ，Ｂのねじの名称を，それぞれ答えなさい。

Ａ〔　　　　〕
Ｂ〔　　　　〕

(2) 次のア～オは，ガスバーナーに点火するときの操作である。ア～オを，操作の正しい順に並べなさい。

〔　　→　　→　　→　　→　　〕

ア　Ａ，Ｂのねじが閉まっていることを確認する。
イ　Ａのねじをゆるめる。　ウ　Ｂのねじをゆるめ，ガスに点火する。
エ　元栓とコックを開く。　オ　マッチに火をつける。

(3) オレンジ色の炎が長く立ちのぼるときは，何の量が不足しているときか。

〔　　　　〕

(4) (3)のような炎を，青白い炎にするには，Ａ，Ｂのどちらのねじを，Ｃ，Ｄのどちらの方向に回せばよいか。それぞれ記号で答えなさい。

ねじ〔　　〕　方向〔　　〕

2 下のア～エの文は，試験管に入れた液体を加熱するときの操作方法を述べている。この操作方法について，次の問いに答えなさい。 （(1)各５点×２，(2)10点 20点）

ア　入れる液体の量は，試験管の$\frac{1}{5}$～$\frac{1}{4}$程度にする。
イ　加熱しているときは，試験管の口を人のいないほうへ向ける。
ウ　中の液体が飛び出さないように，試験管の口にゴム栓をして加熱する。
エ　液体が沸騰し始めたら，試験管に沸騰石を入れる。

(1) 上のア～エの操作方法のうち，まちがっている方法を２つ選び，記号で答えなさい。

〔　　〕〔　　〕

(2) 試験管に沸騰石を入れる理由を簡単に書きなさい。

〔　　　　〕

学習日	得点
月　日	点

3 砂糖，食塩，小麦粉がある。この３つの物質を見分けるために，実験１・２を行った。右の図は，そのときの結果をまとめたものである。次の問いに答えなさい。

(各５点×５　25点)

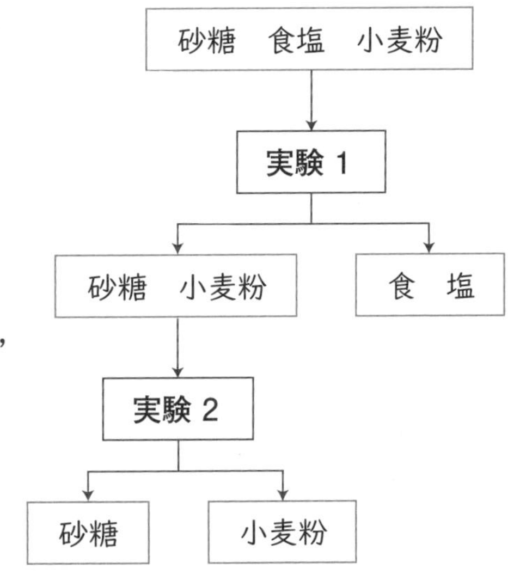

(1) **実験１・２**の操作としてあてはまるものを，次のア～エからそれぞれ選び，記号で答えなさい。

実験１〔　　　〕 **実験２**〔　　　〕

ア　においを調べる。　　イ　加熱する。

ウ　水に入れる。　　エ　磁石を近づける。

(2) **実験１**で，砂糖と小麦粉はどのような結果になったか。

〔　　　〕

(3) **実験１**で，(2)のような結果になる物質を何というか。　〔　　　〕

(4) **実験２**で，砂糖はどのような結果になったか。　〔　　　〕

4 右の表は，アルミニウム，鉄，銅の$1cm^3$あたりの質量を示したものである。次の問いに答えなさい。

(各５点×４　20点)

アルミニウム	2.70 g
鉄	7.87 g
銅	8.96 g

(1) $1\ cm^3$あたりの物質の質量を何というか。

〔　　　〕

(2) アルミニウム，鉄，銅のかたまりがあり，体積はいずれも$10cm^3$である。このとき，最も質量が大きいのはどれか。　〔　　　〕

(3) (2)で答えた物質$10cm^3$の質量は何ｇか。

〔　　　〕

(4) 電流が流れるかどうかで，３種類の金属が何かを区別することができるか。

〔　　　〕

定期テスト対策問題(2)

1 表1は，いろいろな物質の体積と質量の測定結果であり，図1は，その測定値をグラフにしたものである。また，表2は，いろいろな物質の密度を示したものである。次の問いに答えなさい。　(各10点×3　30点)

表1

物質	ア	イ	ウ	エ	オ	カ	キ	ク	ケ	コ
体積〔cm³〕	15.2	5.6	6.9	11.6	20.3	2.5	12.3	10.7	7.9	18.6
質量〔g〕	41.0	58.8	49.0	82.4	54.8	22.3	13.6	95.2	70.3	20.5

図1

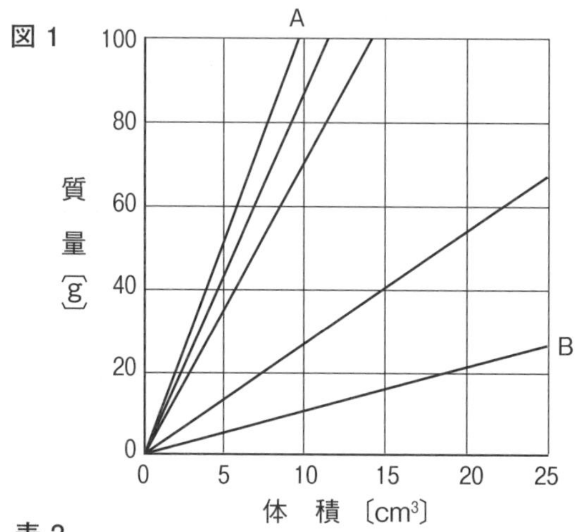

表2

物質名	密度〔g/cm³〕	物質名	密度〔g/cm³〕
亜鉛(あえん)	7.1	鉄	7.9
アルミニウム	2.7	銅	9.0
金	19.3	水銀	13.6
銀	10.5	鉛	11.3

(1) **図1**から，物質ア～コは5種類の物質に分類できることがわかる。グラフAとグラフBの物質を，同じ体積で比べたとき，質量が大きいのは，グラフA，Bのどちらの物質か。〔　　　〕

(2) 密度が大きいほうから2番目の物質を，ア～コからすべて選び，記号で答えなさい。〔　　　〕

(3) 物質ウは，**表2**の物質の1つである。その物質名を書きなさい。〔　　　〕

2 同じ質量の4つの金属片(へん)A～Dを用いて，密度を比べるための実験を行った。100mLのメスシリンダーに適量の水を入れたところ，目盛りは，右の図のようになった。次に，メスシリンダーに金属片Aを入れて目盛りを読み，Aをとり出さずに，続けて金属片B，C，Dの順に静かに入れ，そのつど目盛りを読みとった。結果は表のようになった。次の問いに答えなさい。　(各7点×7　49点)

表

	入れた金属片			
	Aのみ	A，B	A，B，C	A,B,C,D
メスシリンダーの目盛り(mL)	61.8	68.2	73.8	80.2

(1) 図より，メスシリンダーに入れた水の体積を，次のア～エから選び，記号で答えなさい。

ア　43.0mL　　イ　43.2mL　　ウ　44.0mL　　エ　44.2mL　　〔　　　〕

(2) 表の結果から，同じ種類の金属と考えられるのはどれとどれか。組み合わせをA～Dの記号で答えなさい。　〔　　　と　　　〕

(3) 金属は，有機物か，無機物か。　〔　　　〕

(4) 金属に共通する性質を，4つ書きなさい。

〔　　　〕
〔　　　〕
〔　　　〕
〔　　　〕

3 電子てんびんを使い，食塩を一定量はかりとる操作について，次の問いに答えなさい。

(各7点×2　14点)

(1) 電子てんびんは，どのようなところに置いて使うか。　〔　　　〕

(2) 食塩をはかりとる手順を示した，次のア～ウの文を，正しい順番に並べなさい。

〔　　→　　→　　〕

ア　表示の数字を0にする。

イ　はかりとりたい量まで，食塩をのせていく。

ウ　薬包紙をのせる。

4 上皿てんびんを用いて，一定量の薬品をはかりとりたい。指針がどのように振(ふ)れているとき，つり合っているといえるか，「指針が」に続けて書きなさい。

(7点)

〔指針が　　　〕

復習 小学校で学習した「水の変化」「水溶液の性質」

1 水のすがたの変化

① **水のすがたの変化** 水(液体)は，温度によって氷(固体)や水蒸気(気体)に変化する。

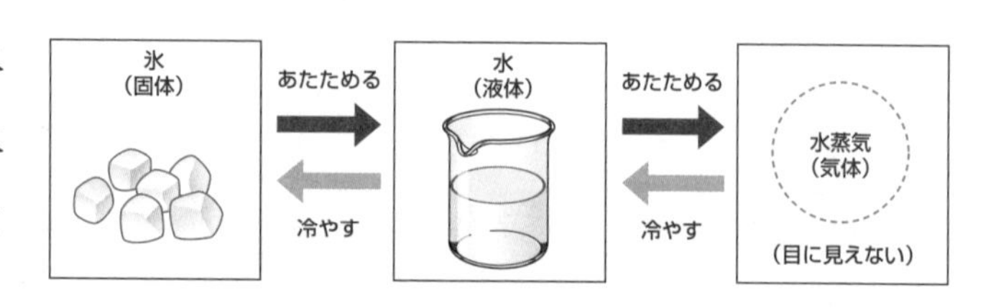

② **水が氷になる変化** 水が冷やされて0℃になると，こおり始める。すべての水がこおってしまうまで，温度は0℃のまま変わらない。

③ **氷が水になる変化** 氷があたためられて0℃になると，とけ始める。すべての氷がとけてしまうまで，温度は0℃のまま変わらない。

④ **水の沸騰** 水が熱せられて沸き立つことを，沸騰という。水は，およそ100℃で沸騰し，沸騰している間，水の温度は変わらない。

水をあたためたときの温度の変化のようす

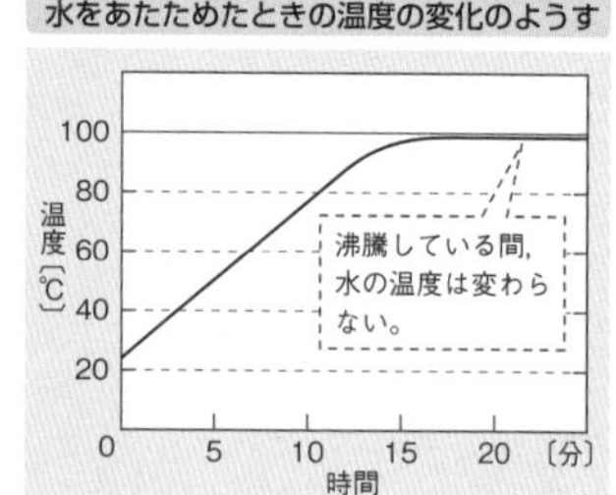

2 水溶液

① **水溶液** ものが水にとけた透明な液を水溶液という。水溶液には色のついているものと，ついていないものがある。

② **水溶液の重さ** 水溶液の重さは，水の重さと，とかしたものの重さの和になる。

③ **水にとけるものの量** 一定量の水にとかすことのできるものの量には，限りがある。水の温度によるとける量の変化は，とかすものによってちがう。

④ **水溶液にとけているものをとり出す** 固体がとけている水溶液では，次のようにすると，とけているものをとり出すことができる。

●**水を蒸発させる**…水溶液を熱して蒸発させると，とけていたものがあとに残る。

●**水溶液を冷やす**…水溶液を冷やすと，とけていたものが粒になって出てくる。

(温度によるとけ方の変化が小さいものはとり出しにくい。)

⑤ **水溶液と金属** 水溶液には，金属をとかすものがある。

●**塩酸**…アルミニウムや鉄を入れると，泡を出してとける。

●**水酸化ナトリウム水溶液**…アルミニウムを入れると，泡を出してとける。

復習ドリル

1 水を熱したり冷やしたりして，温度の変化のようすを調べた。次の問いに答えなさい。

(1) 水を熱し続けると，ある温度で沸き立った。

① 水が沸き立つことを何というか。 〔　　　　〕

② このときの温度はおよそ何℃か。 〔　　　　〕

(2) 水を冷やし続けると，ある温度でこおり始めた。

① このときの温度は何℃か。 〔　　　　〕

② すべての水がこおるまでの間，温度はどうなるか。

〔　　　　〕

③ すべての水がこおった後，温度はどうなるか。

〔　　　　〕

2 右の図は，食塩とミョウバンが100mLの水にとける量と，水の温度の関係をグラフに表したものである。次の問いに答えなさい。

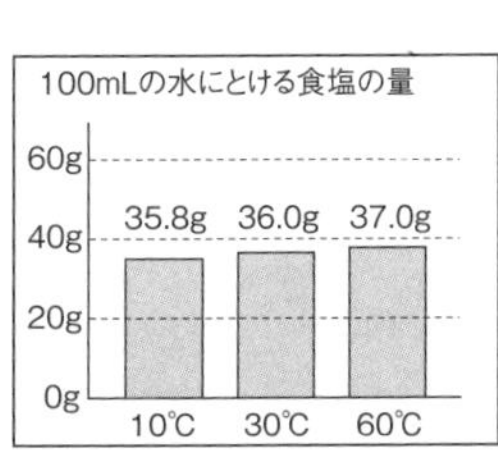

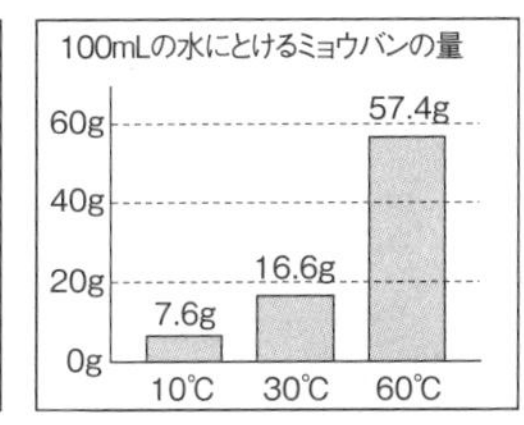

(1) 水にとけている食塩やミョウバンの粒は，見ることができるか。 〔　　　　〕

(2) 10℃の水100mLと60℃の水100mLに多くとかすことができるのは，食塩とミョウバンのどちらか。それぞれ答えなさい。

10℃〔　　　　〕 60℃〔　　　　〕

(3) 水溶液を冷やしても，とけているものをとり出すことができないのは，食塩の水溶液とミョウバンの水溶液のどちらか。

〔　　　　〕

(4) (3)で答えた水溶液からとけているものをとり出すには，どうすればよいか。 〔　　　　〕

思い出そう

◀沸き立つとは，熱せられた水の中から激しく泡が出ている状態。

◀液体の水が固体(氷)に変化する温度。

◀すべて氷になった後，さらに冷やすと，0℃よりも温度が下がる。

◀一定量の水にとけるものの量の温度による変化が大きくないと，水溶液を冷やしても，とけているものをとり出すことはできない。

3章 気体とその性質－1

1 気体の発生方法

① 二酸化炭素

- **石灰石**にうすい塩酸を加える。
  ↳貝がら，卵のからでもよい。
- **炭酸水素ナトリウム**に**酢酸**(さくさん)を加える。
  ↳ベーキングパウダー（ふくらし粉）に食酢(しょくす)を加えてもよい。
- **炭酸水**や**炭酸飲料**を加熱する。
  ↳サイダーなど
- 湯に発泡入浴剤(はっぽうにゅうよくざい)を入れる。

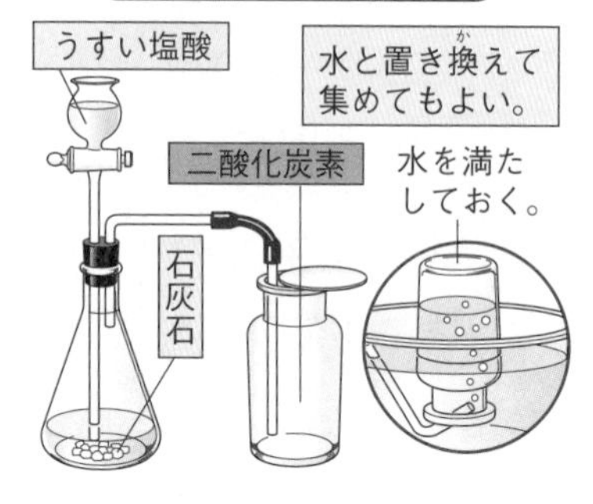

② 酸素

- **二酸化マンガン**に**オキシドール**を加える。
  ↳黒色の粉末　↳うすい過酸化水素水
- ブタ，ウシなどの**肝臓**(かんぞう)にオキシドールを加える。
  ↳レバー
- **過炭酸ナトリウム**に熱湯を加える。
  ↳酸素系漂白剤(ひょうはくざい)の主成分

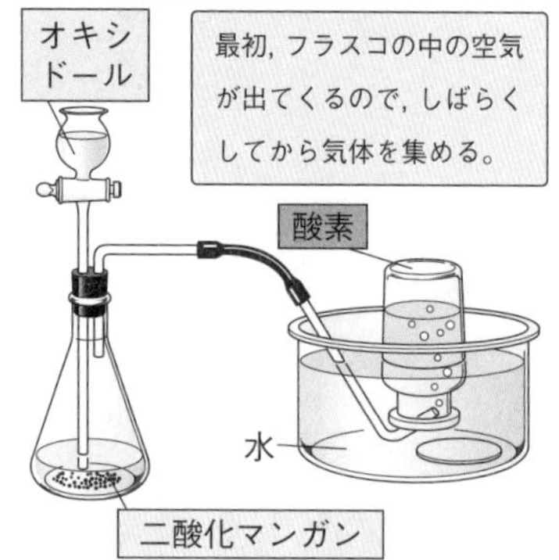

③ 水素

- **亜鉛**(あえん)などの金属に，うすい塩酸やうすい**硫酸**(りゅうさん)を加える。
  ↳マグネシウム，鉄でもよい。
- **水を電気分解**する。
  ↳2年生で学習する。

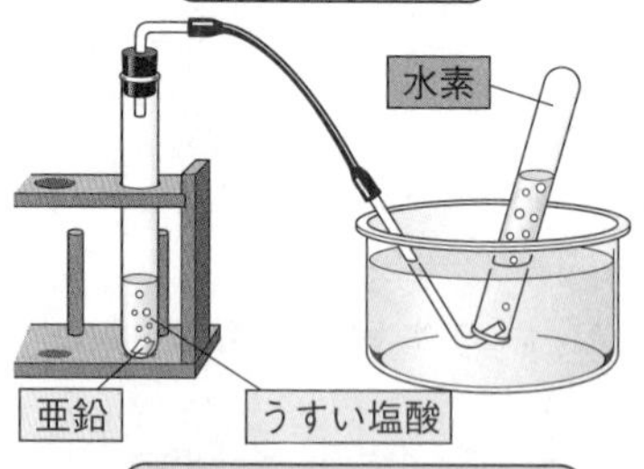

④ アンモニア

- **塩化アンモニウム**と**水酸化カルシウム**の混合物を加熱する。
  ↳消石灰ともいう。
- **炭酸アンモニウム**を加熱する。
- 濃(こ)いアンモニア水を加熱する。

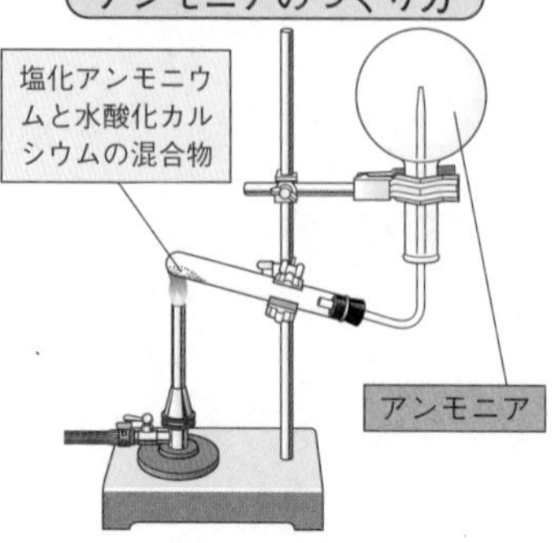

覚えると得

窒素(ちっそ)の性質

窒素は，空気中に体積の割合で約78％ふくまれている気体で，空気よりもわずかに密度が小さい気体である。色やにおいがなく，水にとけにくく，ふつうの温度では反応しにくい。また，窒素にはものを燃やすはたらきがなく，窒素を多くふくむ空気中では，酸素中に比べて，ものはおだやかに燃える。

ミスに注意

水素は爆発(ばくはつ)する！

水素と酸素（空気）が混じり合った状態で火がつくと，爆発するので，危険である。水素を燃やすときは，必ず試験管にとり，発生装置から離(はな)れたところで火をつける。

基本チェック

左の「学習の要点」を見て答えましょう。

学習日　月　日

① 気体の発生方法について，次の問いに答えなさい。

チェック P.30①

(1) 次の表の〔　〕にあてはまることばを書きなさい。

気体	発生方法
二酸化炭素	石灰石にうすい〔①　〕を加える。
	〔②　〕(ベーキングパウダーでもよい) に酢酸 (食酢でもよい) を加える。
	〔③　〕や炭酸飲料を加熱する。
酸素	二酸化マンガンに〔④　〕(うすい〔⑤　〕) を加える。
	ブタ，ウシなどの肝臓 (レバー) に〔⑥　〕を加える。
水素	亜鉛などの金属に，うすい〔⑦　〕やうすい硫酸を加える。
アンモニア	〔⑧　〕と水酸化カルシウムの混合物を加熱する。

(2) 次の図の〔　〕にあてはまることばを書きなさい。

〔①　〕のつくり方

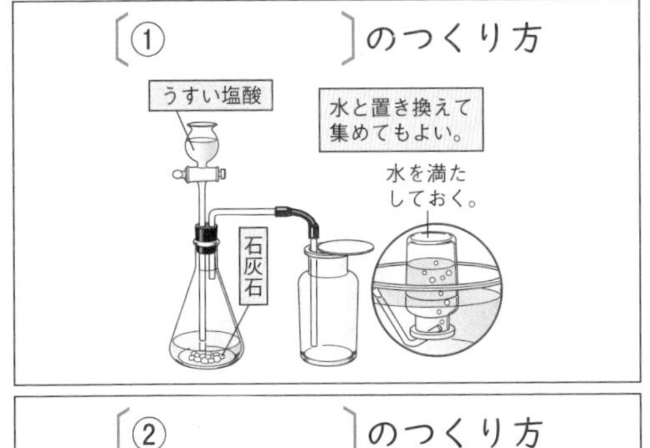

〔④　〕のつくり方

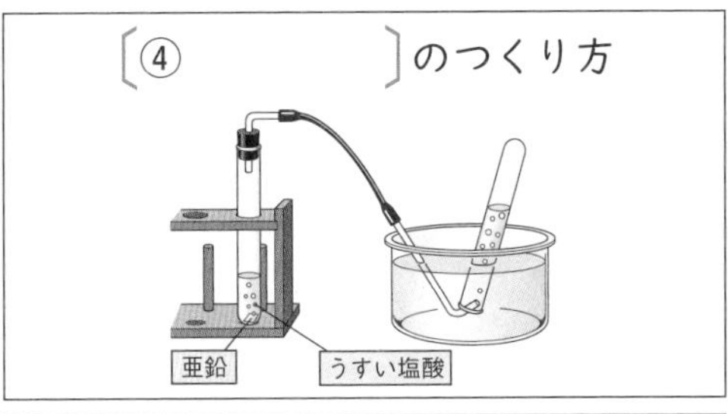

〔②　〕のつくり方

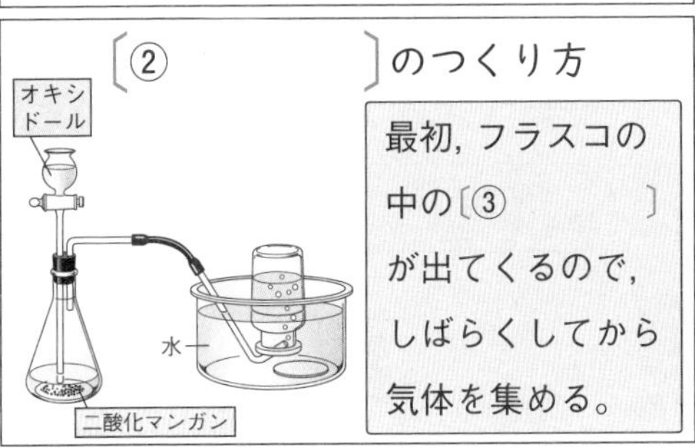

最初，フラスコの中の〔③　〕が出てくるので，しばらくしてから気体を集める。

〔⑤　〕のつくり方

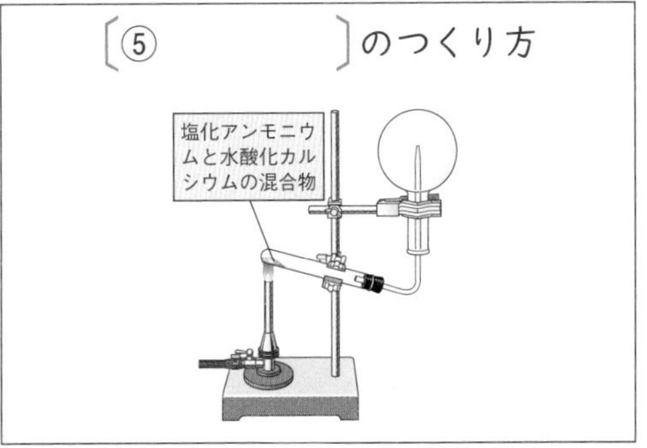

3章 気体とその性質－2

❷ 気体の集め方

① **水上置換法**　水と置き換えて集める方法。酸素，水素，窒素など，水にとけにくい気体を集めるときに用いる。

② **上方置換法**　アンモニアなど，水にとけやすく，空気より密度が小さい（軽い）気体を集めるときに用いる。

③ **下方置換法**　塩素，塩化水素など，水にとけやすく，空気より密度が大きい（重い）気体を集めるときに用いる。

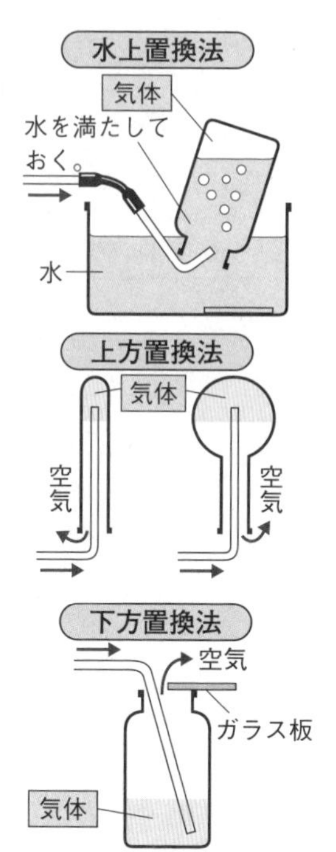

覚えると得

二酸化炭素の集め方

二酸化炭素は空気より密度が大きいので，下方置換法で集めるが，水に少しとけるだけなので，水上置換法で集めることもある。

水上置換法で集めると空気が混ざらず，より純粋な気体を得ることができる。

❸ 気体の性質

① **気体の性質**　おもな気体の性質を比較すると，次のようになる。

気体	色	におい	水へのとけ方	1Lの質量(20℃)〔空気を1としたとき〕	集め方	そのほかの性質
二酸化炭素	無色	なし	少しとける 水溶液は酸性	1.84 g 〔1.53〕	下方置換法 （水上置換法）	石灰水を白くにごらせる。
酸素	無色	なし	とけにくい	1.33 g 〔1.11〕	水上置換法	ものを燃やすはたらきがある。
水素	無色	なし	とけにくい	0.08 g 〔0.07〕	水上置換法	空気中で燃えて水になる。最も密度が小さい気体。
アンモニア	無色	特有な刺激臭	よくとける 水溶液はアルカリ性	0.72 g 〔0.60〕	上方置換法	水溶液はフェノールフタレイン溶液で赤くなる。
窒素	無色	なし	とけにくい	1.16 g 〔0.97〕	水上置換法	ふつうの温度では反応しにくい。

→色のある気体⇨塩素（黄緑色），ヨウ素（紫色）など。

② **水にとけたときの性質の調べ方**　リトマス紙，ＢＴＢ溶液，フェノールフタレイン溶液などを用いて調べることができる。

→無色透明

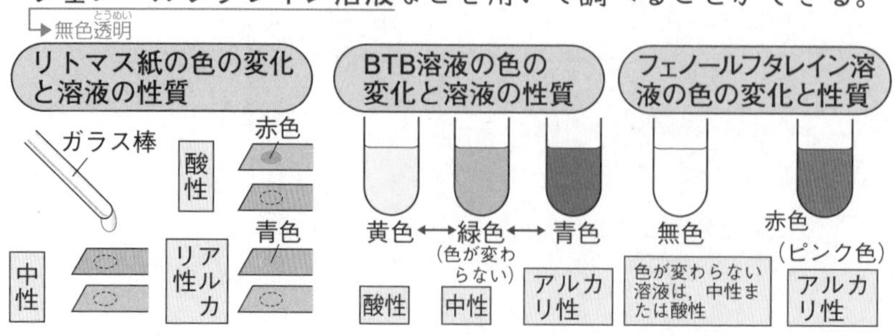

覚えると得

二酸化硫黄

二酸化硫黄は硫黄を燃やしたときにできる気体で，火山ガスにもふくまれている。

基本チェック

左の「学習の要点」を見て答えましょう。

学習日　月　日

② 気体の集め方について，次の表の〔　〕にあてはまることばを書きなさい。

チェック P.32②

集め方の方法	集め方	適する気体	気体の例
〔①　〕	気体を水と置き換えて集める。	水にとけ〔④　〕気体。	酸素，水素，窒素など
〔②　〕	気体を空気と置き換えて集める。	水にとけ〔⑤　〕，空気より密度が〔⑥　〕気体。	アンモニアなど
〔③　〕	気体を空気と置き換えて集める。	水にとけ〔⑦　〕，空気より密度が〔⑧　〕気体。	塩素，塩化水素など。

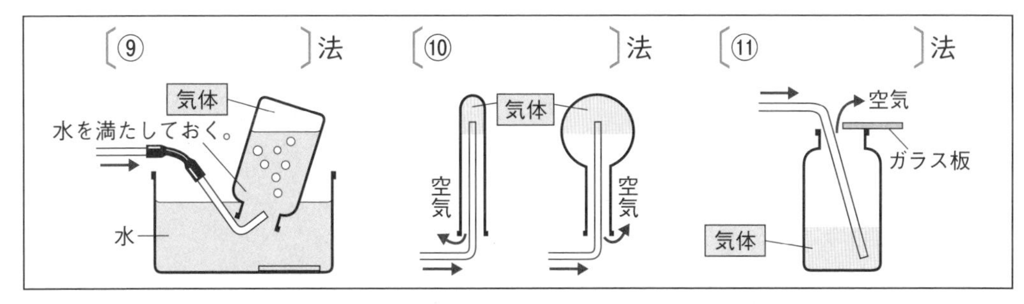

③ 気体の性質や，水にとけたときの性質を調べるための試薬の反応について，次の表の〔　〕にあてはまることばを書きなさい。

チェック P.32③

気体	色	におい	水へのとけ方	1Lの質量〔空気を1としたとき〕	集め方	そのほかの性質
〔①　〕	無色	なし	少しとける 水溶液は酸性	1.84 g〔1.53〕	下方置換法（水上置換法）	石灰水を白くにごらせる。
〔②　〕	無色	なし	とけにくい	1.33 g〔1.11〕	水上置換法	ものを燃やすはたらきがある。
〔③　〕	無色	なし	とけにくい	0.08 g〔0.07〕	水上置換法	空気中で燃えて水になる。最も密度が小さい気体。
〔④　〕	無色	特有な刺激臭	よくとける 水溶液はアルカリ性	0.72 g〔0.60〕	上方置換法	水溶液はフェノールフタレイン溶液で赤くなる。
〔⑤　〕	無色	なし	とけにくい	1.16 g〔0.97〕	水上置換法	ふつうの温度では反応しにくい。

試薬名	水溶液の性質と色		
	酸性	中性	アルカリ性
BTB溶液	〔⑥　〕	〔⑦　〕	〔⑧　〕
フェノールフタレイン溶液	〔⑨　〕	〔⑩　〕	〔⑪　〕

3章 気体とその性質

1 右の図は，水素のつくり方(発生装置)を示したものである。この図をもとに，次の問いに答えなさい。

チェック P.30① (各5点×2 10点)

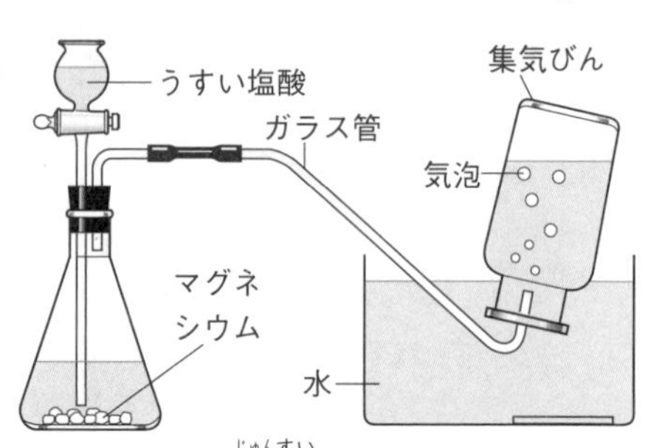

(1) マグネシウムのかわりに用いてもよい物質を，下の{　　}の中から2つ選んで書きなさい。

〔　　　と　　　〕

{ 鉄　亜鉛(あえん)　石灰石 }

(2) 水素が発生し始めると，集気びんの中の水中を気泡(きほう)が上がり始める。このはじめに出てくる気泡(気体)は，純粋(じゅんすい)な水素といえるか。

〔　　　　　　〕

2 下のア～ウの文は，発生させた気体の集め方を説明したものである。右の図を参考に，次の問いに答えなさい。

チェック P.32② (各6点×5 30点)

ア 〔①　　　　〕……水素や酸素など，水にとけにくい気体は，この方法で集める。

イ 〔②　　　　〕……アンモニアなど，水にとけやすく，空気より密度が小さい気体は，この方法で集める。

ウ 〔③　　　　〕……塩化水素や塩素など，水にとけやすく，空気より密度が大きい気体は，この方法で集める。

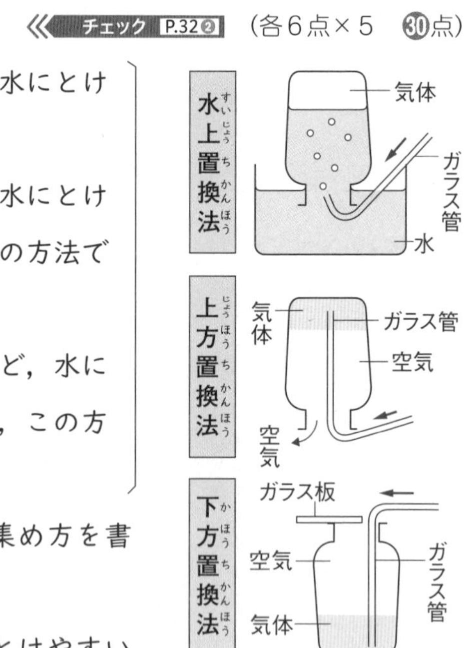

(1) それぞれの〔　〕に，最も適当な気体の集め方を書きなさい。

(2) 塩化水素は空気より密度が大きく，水にとけやすい。塩化水素を集める方法として最も適当な集め方はどれか。

〔　　　　　　〕

(3) 純粋な気体を得やすく，集めた気体の体積もよくわかる集め方はどれか。

〔　　　　　　〕

3 下のア～ウは，３種類の気体のつくり方を簡単にまとめたものである。次の問いに答えなさい。

チェック P.30① (各６点×５ 30点)

ア 二酸化炭素
- ●石灰石にうすい〔 ② 〕を加える。
- ●〔 ③ 〕を加熱する。

イ ①＿＿＿＿
- ●二酸化マンガンにうすい過酸化水素水を加える。

ウ アンモニア
- ●塩化アンモニウムと〔 ④ 〕の混合物を加熱する。
- ●濃い〔 ⑤ 〕を加熱する。

二酸化炭素
石灰石 ＋ うすい塩酸
→ 二酸化炭素 ＋ ほかの物質

酸素
二酸化マンガン ＋ うすい過酸化水素水
→ 酸素 ＋ ほかの物質

アンモニア
加熱する
塩化アンモニウム ＋ 水酸化カルシウム
→ アンモニア ＋ ほかの物質

(1) 下線①にあてはまる気体を，次の｛ ｝の中から選んで書きなさい。 ｛ 水素 二酸化硫黄 酸素 窒素 ｝

(2) それぞれの〔 〕にあてはまる物質を，次の｛ ｝の中から選んで書きなさい。
｛ アンモニア水 塩酸 炭酸水 酢 水酸化カルシウム ｝

4 ３種類の気体Ａ～Ｃについて，次の問いに答えなさい。

チェック P.32②③ (各５点×６ 30点)

〔気体Ａ〕 空気より密度が小さく，水によくとける。鼻をつくような特有の刺激臭がある。

〔気体Ｂ〕 気体の中で最も密度が小さく，水にほとんどとけない。

〔気体Ｃ〕 空気より密度が大きく，水に少しとける。石灰水を白くにごらせる。

(1) Ａ～Ｃにあてはまる気体を，下の｛ ｝の中から選んで書きなさい。

Ａ〔 〕 Ｂ〔 〕 Ｃ〔 〕

｛ アンモニア 二酸化炭素 酸素 水素 ｝

(2) Ａ～Ｃの気体を集めるとき，下の図のア～ウのどの方法（装置）で集めたらよいか。記号で答えなさい。

Ａ〔 〕
Ｂ〔 〕
Ｃ〔 と 〕

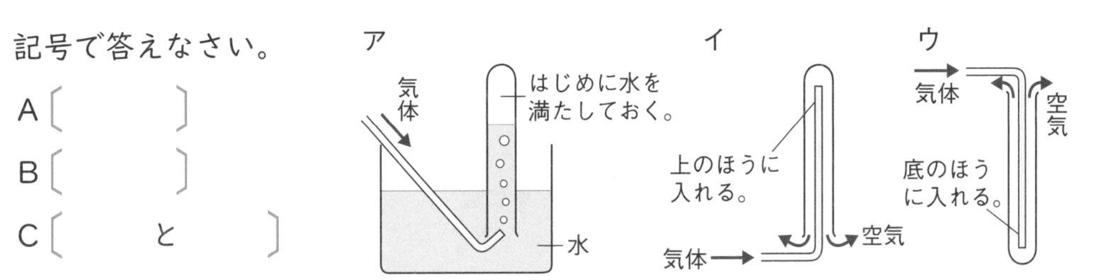

3章 気体とその性質

1 下の実験1～4によって，二酸化炭素，酸素，アンモニア，水素の４種類の気体の性質を調べた。次の問いに答えなさい。 (各５点×10 50点)

〔実験1〕 気体Aを集めた試験管の中に火のついた線香(せんこう)を入れると，線香は炎(ほのお)をあげて燃えた。

〔実験2〕 気体Bを集めた試験管の口にマッチの火を近づけると，音を立ててその気体が燃えた。

〔実験3〕 気体Cの水溶液(すいようえき)を１滴(てき)とり，青色リトマス紙につけると，リトマス紙の色が赤色に変わった。

〔実験4〕 気体Dの水溶液を１滴とり，赤色リトマス紙につけると，リトマス紙の色が青色に変わった。

●いろいろな気体の水溶液の性質
- 二酸化炭素…酸性
- アンモニア…アルカリ性

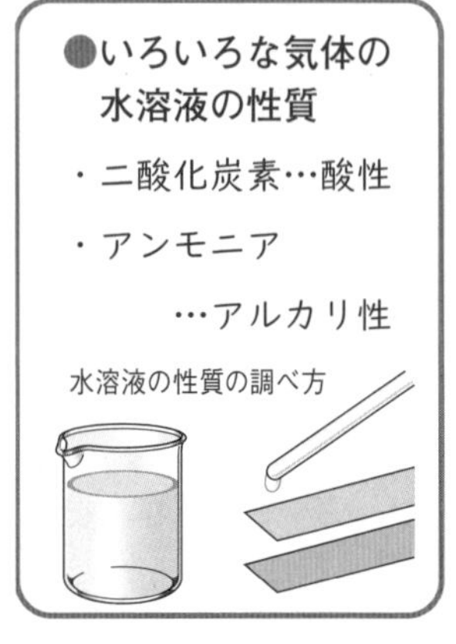

(1) A～Dにあてはまる気体を，それぞれ書きなさい。

A〔　　〕 B〔　　〕 C〔　　〕 D〔　　〕

(2) **実験1**の結果からわかる，気体Aの性質を簡単に書きなさい。

〔　　〕

(3) **実験2**で，気体Bのかわりに気体Cにマッチの火を近づけると気体は燃えるか。

〔　　〕

(4) **実験3・4**の結果をもとに，気体C，Dの水溶液の性質をそれぞれ書きなさい。

気体Cの水溶液〔　　〕 気体Dの水溶液〔　　〕

(5) 気体A～Dのうち，石灰水を白くにごらせる気体はどれか。記号で答えなさい。

〔　　〕

(6) 気体Bを発生させる方法を，次のア～ウから選び，記号で答えなさい。

〔　　〕

ア 二酸化マンガンにうすい過酸化水素水を加える。

イ 鉄にうすい塩酸を加える。

ウ 石灰石にうすい塩酸を加える。

得点UPコーチ

1 (1)～(3)気体Cは燃えないが，気体Bは酸素があるところで燃える。
(4)青色リトマス紙を赤色に変える性質は酸性である。
(6)気体Bは，亜鉛(あえん)にうすい塩酸を加えても発生する。

学習日　　月　　日　得点　　点

2 右の図は，気体の集め方を示したものである。次の問いに答えなさい。

((1)(2)各５点×４，(3)６点　26点)

(1)　ア～ウの集め方をそれぞれ何というか。

ア〔　　　　〕
イ〔　　　　〕
ウ〔　　　　〕

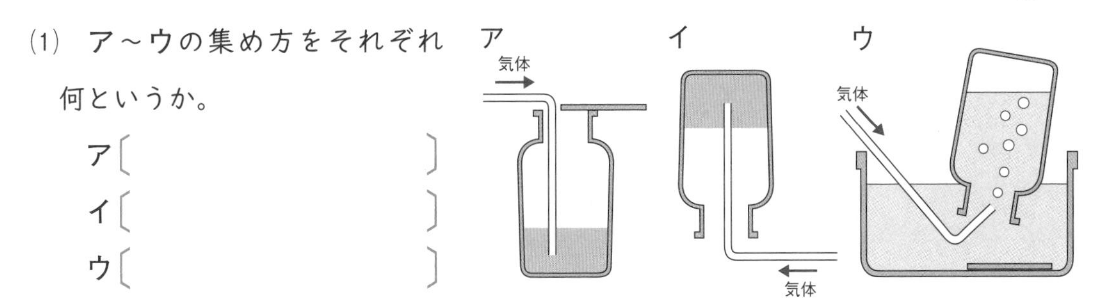

(2)　上の３つの集め方のうち，気体と空気が最も混じりにくいのはどの集め方か。記号で答えなさい。〔　　〕

(3)　アンモニアは，イの方法で集める。その理由を簡単に書きなさい。

〔　　　　〕

3 アンモニアの入ったフラスコに，スポイトで少量の水を入れると，フェノールフタレイン溶液を加えたビーカーの水が，フラスコ内にふき出した。次の問いに答えなさい。

(各６点×４　24点)

(1)　アンモニアを発生させるには，何と何を混合して加熱すればよいか。次のア～カから選び，記号で答えなさい。

〔　　と　　〕

ア　うすい塩酸　　イ　二酸化マンガン　　ウ　過酸化水素水
エ　石灰石　　オ　塩化アンモニウム　　カ　水酸化カルシウム

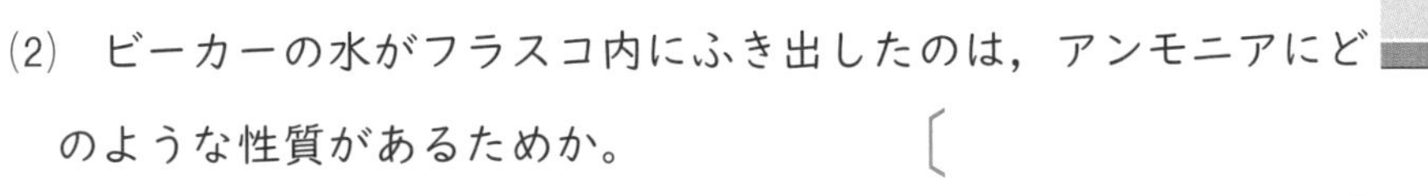

(2)　ビーカーの水がフラスコ内にふき出したのは，アンモニアにどのような性質があるためか。〔　　　　〕

(3)　フラスコ内にふき出した水の色は何色になるか。〔　　　　〕

(4)　(3)のようになるのは，アンモニアは水にとけると，どのような性質を示すためか。

〔　　　　〕

2 (3)上方置換法は，空気よりも密度が小さい気体を集めるときに用いる。
3 (2)アンモニアは，水に非常にとけやすい。 (3)，(4)フェノールフタレイン溶液を加えた水溶液は，アルカリ性では赤色に変化する。

3章 気体とその性質

1 下の表は，おもな気体の性質をまとめたものである。この表をもとに，次の問いに答えなさい。 （(1)各3点×7，(2)各5点×5 46点）

気体	におい	水へのとけ方	水溶液（すいようえき）の性質	密度
二酸化炭素	①	少しとける	④	空気より大きい
酸素	ない	とけにくい	―	⑥
水素	ない	③	―	空気より小さい
窒素（ちっそ）	ない	とけにくい	―	⑦
アンモニア	②	よくとける	⑤	空気より小さい

(1) ①～⑦のそれぞれにあてはまる性質を書きなさい。

①［　　］ ②［　　］ ③［　　］
④［　　］ ⑤［　　］ ⑥［　　］ ⑦［　　］

(2) 次のア～オの説明にあてはまる気体を，上の表から１つずつ選んで書きなさい。ただし，同じ気体をくり返し選んでもよいものとする。

ア　物質を燃やすはたらきがある。［　　］
イ　空気中に体積の割合で，約$\frac{4}{5}$ふくまれている。［　　］
ウ　気体の中で，最も密度が小さい。［　　］
エ　石灰水の中に通すと，石灰水を白くにごらせる。［　　］
オ　空気中で火をつけると，音を立てて燃えて水ができる。［　　］

2 右のA～Cのようにして気体を発生させた。次の問いに答えなさい。 （各5点×6 30点）

A　亜鉛（あえん）にうすい塩酸を加えた。
B　石灰石にうすい塩酸を加えた。
C　二酸化マンガンにうすい過酸化水素水を加えた。

(1) Cで発生した気体に火のついた木片（もくへん）を入れたとき，発生する気体は，A，Bのどちらか。［　　］

1 (2)酸素は燃えないが，物質を燃やすはたらきがある。また，水素は燃えるが，ほかの物質を燃やすはたらきはない。

2 (1)木は有機物で，燃えると，水と二酸化炭素が生じる。

学習日　月　日　得点　点

(2)　A～Cで発生した気体名を，それぞれ書きなさい。

A〔　　　〕 B〔　　　〕 C〔　　　〕

(3)　Aの気体を集める方法として最も適当なものを，右のア～ウから選び，記号で答えなさい。〔　　〕

(4)　Bの気体を集める方法として適当でないものを，右のア～ウから選び，記号で答えなさい。〔　　〕

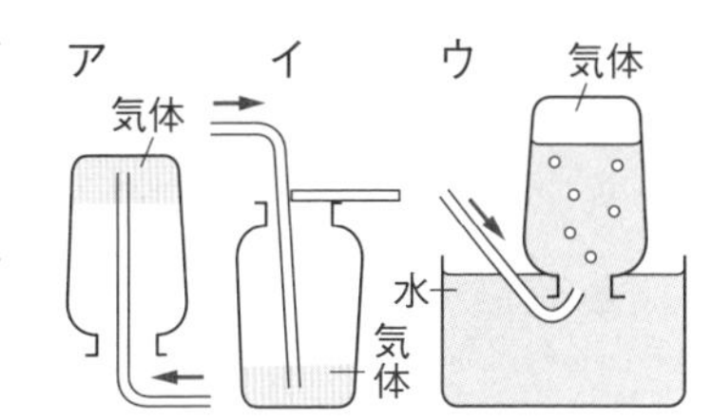

3 下の実験1・2について，次の問いに答えなさい。

(各6点×4　24点)

〔実験1〕　右の図1の装置で，Aの試験管を加熱したところ，気体が発生してBの試験管にたまった。

〔実験2〕　次に，Bの試験管を，図2のように水の中に入れて，静かに振（ふ）ったところ，水が試験管の中を上がった。

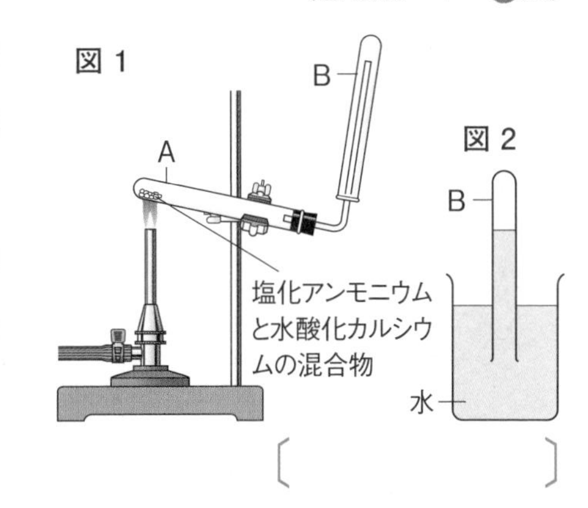

(1)　実験1で発生した気体は何か。〔　　　〕

(2)　この気体は，図1のようにして集めることができる。これは，この気体がどんな性質をもっているためか。〔　　　〕

(3)　実験2で，水が試験管の中を上がったことから，この気体がどんな性質をもっていることがわかるか。〔　　　〕

(4)　実験2で，あらかじめビーカーの水に中性のBTB溶液を加えておくと，水は何色に変化するか。下の{　　}の中から選んで書きなさい。

〔　　　〕

{ 青色　赤色　黄色　緑色 }

得点UPコーチ

2 (3)，(4)アは上方置換法（じょうほうちかんほう），イは下方置換法，ウは水上置換法である。

3 (3)この気体が水にとけたため，水面が上がった。(4)アンモニアは水にとけて，水溶液はアルカリ性を示す。

4章 水溶液とその性質－1

1 水溶液

① 水溶液

- **溶質**…液体にとけている物質。
- **溶媒**…溶質をとかしている液体。
- **溶液**…溶質が溶媒にとけた液。
  ↳溶媒が水の場合を，とくに水溶液という。

溶質・溶媒・溶液（食塩水の場合）

② 水溶液の特徴

❶透明である。
↳色のついたものもある。
❷放置しても，溶質は沈んでこない。
❸どこも濃さは同じである。
↳物質の粒が水の中に均一に散らばっている。

硫酸銅がとけるようす

硫酸銅の青色が全体に広がっていく。

硫酸銅の粒が水の中に散らばっていくようすをモデルで表すと，右のようになる。

硫酸銅

2 水にとける物質の量

① **水にとける物質の量**　一定量の水にとける物質の量には限度があり，その量は物質の種類と水の温度によって決まっている。

- **溶解度**…一定量の水にとける物質の最大の質量。ふつう水100 gにとける物質の質量で表す。
- **飽和水溶液**…溶解度まで物質がとけている水溶液。

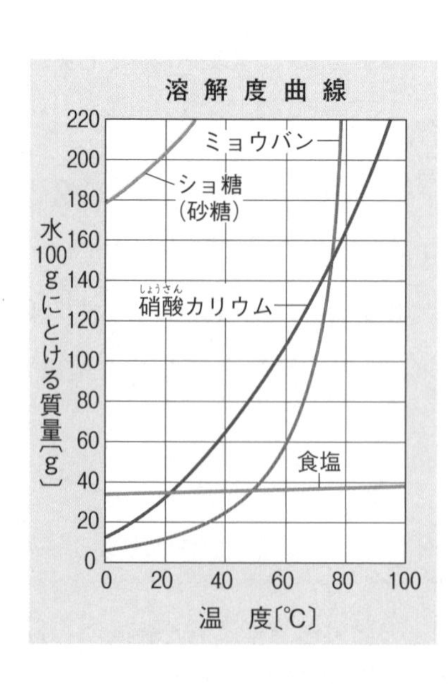

重要 テストに出る

●用語
　溶質　溶媒　溶液
水溶液には，どのような特徴があるか，おさえておこう。

ミスに注意

溶解度は最大量
溶解度は，一定量（ふつうは100 g）の水にとける物質の最大の質量である。したがって，溶解度の数値以上の量をとかすことはできない。

覚えると得

溶解度曲線
それぞれの物質の溶解度を，水の温度ごとにグラフに表したものを溶解度曲線という。

学習日　　月　　日

左の「学習の要点」を見て答えましょう。

① 水溶液について，次の問いに答えなさい。

チェック P.40①

(1) 次の文の〔　〕にあてはまることばを書きなさい。

・液体にとけている物質を〔①　　　　〕という。

・①をとかしている液体を〔②　　　　〕という。

・①が②にとけた液を〔③　　　　〕という。

・②が水である③を〔④　　　　〕という。

・④には，次のような特徴がある。

❶色のついたものと無色のものとがあるが，いずれも〔⑤　　　　〕である。

❷放置していても，とけている物質は沈んで〔⑥　　　　〕。

❸どこも濃さは〔⑦　　　　〕である。これは，とけている物質が液全体に〔⑧　　　　〕に散らばっているためである。

(2) 右の図の〔　〕にあてはまることばを書きなさい。

〔⑨　　　　〕〔⑩　　　　〕

（食塩）　（水）

〔⑪　　　　〕

（食塩水）

② 水にとける物質の量について，次の文の〔　〕にあてはまることばを書きなさい。

チェック P.40②

・一定量の水にとける物質の量には限度が〔①　　　　〕，その量は物質の〔②　　　　〕と，水の〔③　　　　〕によって決まっている。

・一定量の水にとける物質の最大の質量を，その物質の〔④　　　　〕という。ふつう，水100gにとける物質の質量で表す。

・④まで物質がとけている水溶液を〔⑤　　　　〕という。

・それぞれの物質の④を，水の温度ごとにグラフに表したものを〔⑥　　　　〕という。

4章 水溶液とその性質－2

3 水にとけている物質をとり出す

① **再結晶** 水にとけた固体の物質を，再び結晶としてとり出すこと。再結晶を利用すると，純粋な物質を得ることができる。

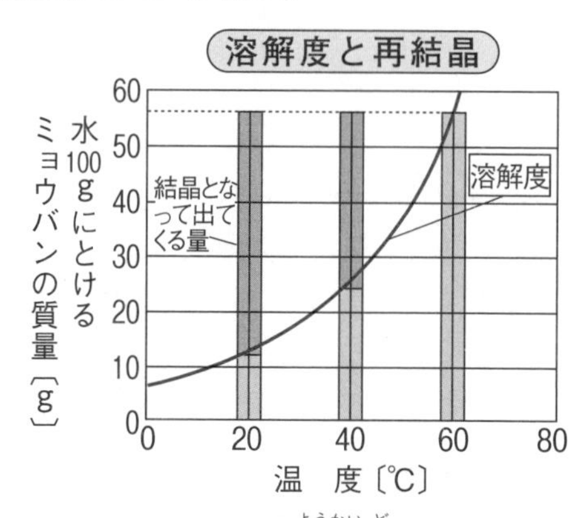

a **水溶液を冷やす**
…温度が下がり，とけている溶質の量より溶解度が小さくなると，とけきれなくなった溶質が結晶となって出てくる。▶温度によって溶解度の変化が大きい物質をとり出すのに適している。

b **水を蒸発させる**…水を蒸発させると，とけていた溶質が結晶となって出てくる。▶溶解度が温度によってあまり変わらない物質でも，とり出すことができる。

4 質量パーセント濃度

① **濃さの表し方** 水溶液の濃さは，水溶液全体の質量に対する溶質の質量の割合で表す。これを質量パーセント濃度という。

$$\text{質量パーセント濃度〔\%〕}=\frac{\text{溶質の質量〔g〕}}{\text{溶質の質量〔g〕}+\text{溶媒の質量〔g〕}}\times 100$$
$$=\frac{\text{溶質の質量〔g〕}}{\text{溶液の質量〔g〕}}\times 100$$

② **計算の例** 水（溶媒）100gに食塩（溶質）25gをとかしてできた食塩水の質量パーセント濃度。

$$\frac{25\,g}{25\,g+100\,g}\times 100=\frac{25\,g}{125\,g}\times 100=20\,\%$$

覚えると得

結晶
水溶液からとり出した固体は，いくつかの平面で囲まれた規則正しい形をしている。これを結晶といい，形は物質によって決まっている。

ミスに注意

溶解度と再結晶
左のグラフは，60℃の水100gにミョウバンをとけるだけとかした水溶液（飽和水溶液）の温度を下げていったときに，結晶となって出てくるミョウバンの量を表している。水溶液の温度が下がり溶解度が小さくなると，溶解度を上回った分がとけきれずに結晶となって出てくる。

溶液の質量
質量パーセント濃度を計算するときの分母となる「溶液の質量」とは，溶質の質量と溶媒の質量の合計であることに注意。

学習日　　月　　日

左の「学習の要点」を見て答えましょう。

③ 水溶液にとけている物質のとり出し方について，次の問いに答えなさい。

チェック P.42③

(1) 次の文の〔　　〕にあてはまることばを書きなさい。

・水溶液にとけている固体の物質を，再び結晶としてとり出すことを〔①　　　　〕という。

・水溶液を冷やして，とけている物質をとり出す……水溶液の温度が下がり，とけている溶質の量より〔②　　　　〕が小さくなると，とけきれなくなった〔③　　　　〕が結晶となって出てくる。温度による溶解度の変化が〔④　　　　〕物質をとり出すのに適している。

・水を蒸発させて，とけている物質をとり出す……水を蒸発させると，水の量が〔⑤　　　　〕ので，とけていた〔⑥　　　　〕が結晶となって出てくる。温度による溶解度の変化が〔⑦　　　　〕物質でも，とり出すことができる。

(2) 右の図の〔　　〕にあてはまることばを書きなさい。

〔⑧　　　　〕となって出てくる量

温度による〔⑨　　　　〕の変化。

水100gにとけるミョウバンの質量〔g〕

0, 10, 20, 30, 40, 50, 60

0, 20, 40, 60, 80

温　度〔℃〕

④ 質量パーセント濃度について，次の文の〔　　〕にあてはまることばや数字を書きなさい。

チェック P.42④

・水溶液の濃さは，水溶液全体の質量に対する溶質の質量の割合で表す。これを〔①　　　　〕という。

$$①〔\%〕=\frac{〔②\quad〕の質量〔g〕}{〔③\quad〕の質量〔g〕+〔④\quad〕の質量〔g〕}\times 100$$

$$=\frac{〔⑤\quad〕の質量〔g〕}{〔⑥\quad〕の質量〔g〕}\times 100$$

・水100gに食塩25gをとかしてできた食塩水の質量パーセント濃度は，

$$\frac{〔⑦\quad〕g}{〔⑧\quad〕g+〔⑨\quad〕g}\times 100=\frac{〔⑩\quad〕g}{〔⑪\quad〕g}\times 100=〔⑫\quad〕\%$$

4章 水溶液とその性質

1 図1のように，茶色のコーヒーシュガー（砂糖）のかたまりを糸で結び，水の入った大型試験管につるした。コーヒーシュガーが全部とけたときの水溶液は，図2のように，つるしておいたかたまりの位置から上の層が無色で，下の層が茶色に分かれていた。これをそのまま放置し，2週間後，4週間後にも観察した。次の問いに答えなさい。

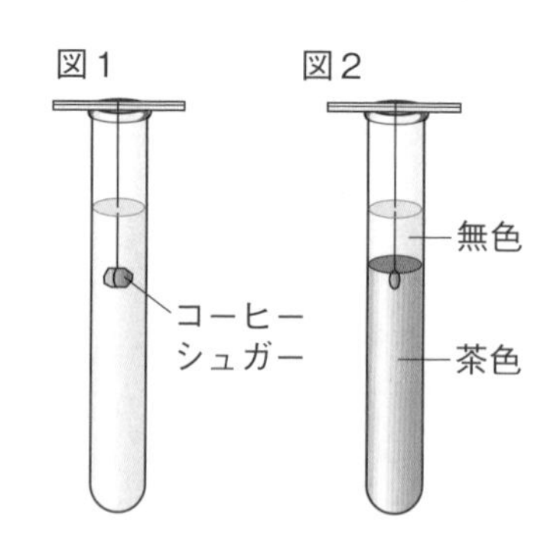

チェック P.40❶ （各10点×3 30点）

(1) 2週間後にはどうなっているか。次のア〜エから選び，記号で答えなさい。

〔　　　〕

ア 下の層の茶色がさらに濃くなっていた。

イ 全体が同じ濃さの茶色になっていた。

ウ 全体が無色になっていた。　　エ 変化していなかった。

(2) (1)で答えたようすを，物質をつくる粒子のモデルで表すとどうなるか。次のア〜エから選び，記号で答えなさい。〔　　　〕

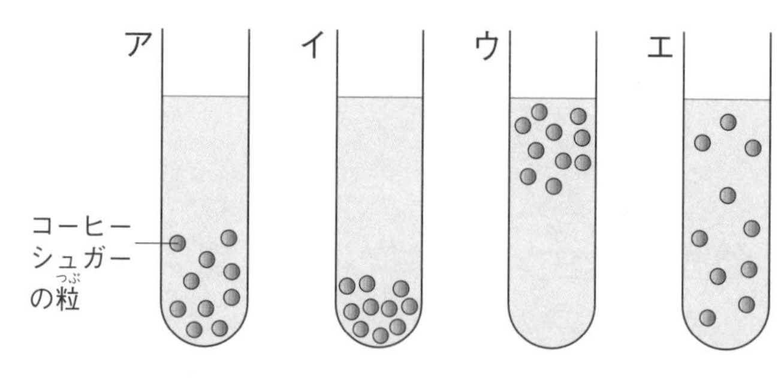

(3) 4週間後のようすは，2週間後のときと比べて変化しているか。

〔　　　〕

2 砂糖水について，次の問いに答えなさい。 チェック P.40❶ （各5点×3 15点）

(1) 砂糖水の砂糖のように，水にとけている物質を何というか。

〔　　　〕

(2) 砂糖水の水のように，(1)をとかしている液体を何というか。

〔　　　〕

(3) 砂糖水のように，物質が水にとけた液を何というか。〔　　　〕

学習日 月 日 得点 点

3 右のグラフは，水100ｇにとかすことのできる硝酸(しょうさん)カリウムと食塩の質量と温度の関係を表している。次の問いに答えなさい。

チェック P.40❷ P.42❸ （各７点×５ 35点）

⑴ 40℃の水100ｇに食塩30ｇを加えると，食塩はすべてとけるか。 〔　　　〕

⑵ 20℃の水100ｇには，硝酸カリウムと食塩のどちらが多くとけるか。 〔　　　〕

⑶ 水の温度が高くなると，とける量が大きく変わるのは，硝酸カリウムと食塩のどちらか。 〔　　　〕

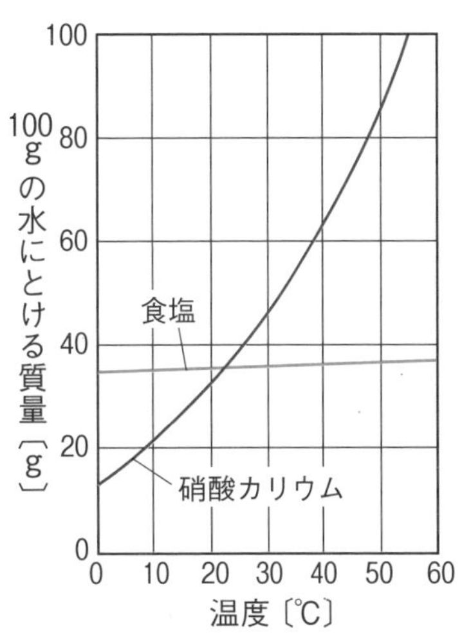

⑷ 硝酸カリウム35ｇと食塩35ｇを，それぞれ60℃の水100ｇにとかした。この２つの水溶液をともに10℃まで冷やしたとき，結晶(けっしょう)が出てきたのはどちらか。 〔　　　〕

⑸ 固体の物質をいったん水にとかして，水にとけた物質を再び結晶としてとり出すことを何というか。 〔　　　〕

4 水溶液の濃さを表すときは，溶質の質量が溶液全体の質量の何パーセントにあたるか（これを「質量パーセント濃度(のうど)」という）で表す。次の問いに答えなさい。

チェック P.42❹ （各４点×５ 20点）

⑴ 水100ｇに，食塩25ｇをとかした。この食塩水の質量パーセント濃度は何％か。次の式の〔　　〕にあてはまる数字を書いて計算しなさい。

$$\text{質量パーセント濃度〔\%〕} = \frac{25\,\text{g}}{25\,\text{g} + 〔①\quad〕\text{g}} \times 100 = 〔②\quad〕\%$$

⑵ 食塩水100ｇ中に，食塩25ｇがとけている。この食塩水の質量パーセント濃度は何％か。次の式の〔　　〕にあてはまる数字を書いて計算しなさい。

$$\text{質量パーセント濃度〔\%〕} = \frac{〔①\quad〕\text{g}}{〔②\quad〕\text{g}} \times 100 = 〔③\quad〕\%$$

4章 水溶液とその性質

1 次のア～エのうち，物質が水にとけたといえるものはどれか。2つ選び，記号で答えなさい。

（各5点×2　⑩点）

〔　　　〕〔　　　〕

ア　物質を水に入れ，よくかき混ぜると，透明の赤色になった。

イ　物質を水に入れ，よくかき混ぜると，全体が白くにごった。

ウ　物質を水に入れ，よくかき混ぜてからしばらくすると，物質が下に沈んだ。

エ　物質を水に入れ，よくかき混ぜると，無色透明になった。

2 メスシリンダーに水を入れ，その中に茶色のコーヒーシュガー(砂糖)の粒を落とし，1時間後，1日後，3日後，1週間後のようすを観察した。右の図のA～Dは，それぞれのようすを表したものであり，色のついた部分の濃さはそれぞれちがっていたが，すべて同じ色で示してある。次の問いに答えなさい。

（各5点×6　㉚点）

A　B　C　D

(1)　右のA～Dを，観察した順に左から並べなさい。

〔　　→　　→　　→　　〕

(2)　色のついた部分が最も濃い色をしているのは，右のA～Dのどれか。記号で答えなさい。〔　　　〕

(3)　1か月後のメスシリンダーのようすはどうなっているか。上のA～Dから選び，記号で答えなさい。〔　　　〕

(4)　同じようにコーヒーシュガーを水に入れ，短時間でこの1週間後の砂糖水と同じ状態にするには，どうすればよいか。〔　　　〕

(5)　砂糖水における溶質と溶媒はそれぞれ何か。

溶質〔　　　〕

溶媒〔　　　〕

1 かき混ぜたとき，液がにごっていたり，しばらくして下に沈むのは，物質が水にとけたとはいえない。

2 (1)～(3)コーヒーシュガーの色はしだいに全体に広がっていき，全体に均一に広がると，その状態は続く。

学習日　　月　　日　得点　　点

3 質量パーセント濃度が15%の食塩水100gをつくりたい。何gの食塩を何gの水にとかせばよいか。次の〔　〕にあてはまる数字を書きなさい。

（各5点×6　30点）

(1) 必要な食塩の質量は，〔①　　〕g × $\frac{15}{100}$ =〔②　　〕g

(2) 必要な水の質量は，100g −〔①　　〕g =〔②　　〕g

(3) つまり，〔①　　〕gの食塩を〔②　　〕gの水にとかせばよい。

4 次の食塩水には，それぞれ何gの食塩がとけているか，求めなさい。

（各5点×3　15点）

(1) 7%の食塩水100g。〔　　〕

(2) 5%の食塩水200g。〔　　〕

(3) 3%の食塩水50gと，7%の食塩水100gを混ぜ合わせた食塩水。

〔　　〕

5 右の図のように，ビーカーA，Bに100gの水を入れ，Aには食塩10g，Bには食塩30gをとかした。次の問いに答えなさい。

（各5点×3　15点）

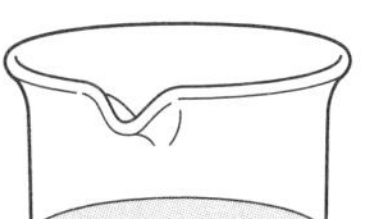

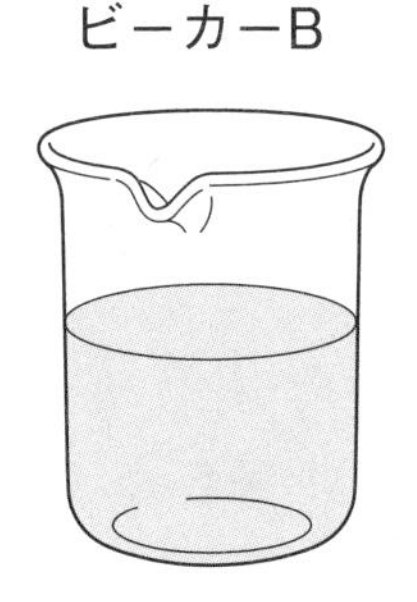

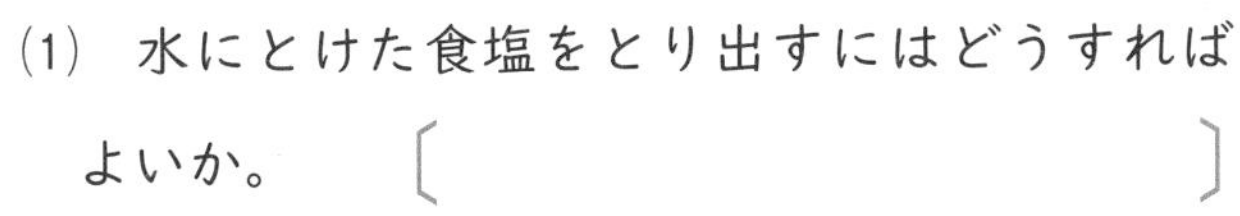

(1) 水にとけた食塩をとり出すにはどうすればよいか。〔　　〕

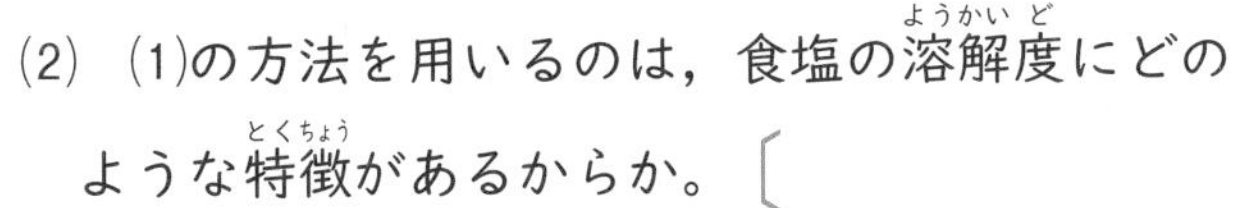

(2) (1)の方法を用いるのは，食塩の溶解度にどのような特徴があるからか。〔　　〕

(3) 同じ条件で(1)の方法を用いたとき，先に食塩の結晶が出てくるのは，A，Bのどちらか。〔　　〕

得点UPコーチ

3 食塩水100g中，15%が食塩の質量。

4 (3)まず，それぞれの食塩水にとけている食塩の質量を求める。

5 (1)食塩は水の温度を下げてもとり出せないので，水を蒸発させてとり出す。(3)多くとかしたほうが，先に飽和する。

4章 水溶液(すいようえき)とその性質

1 右のグラフは，水100ｇにとかすことのできるミョウバンの質量と温度の関係を示したものである。次の問いに答えなさい。 （各６点×４　24点）

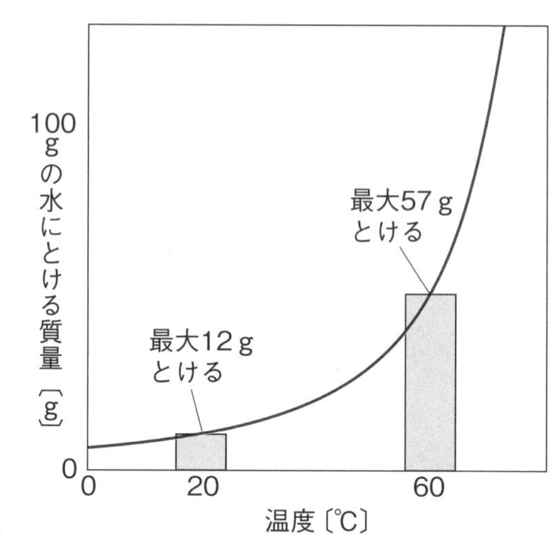

(1)　20℃の水100ｇに50ｇのミョウバンはすべてとけるか。〔　　　　〕

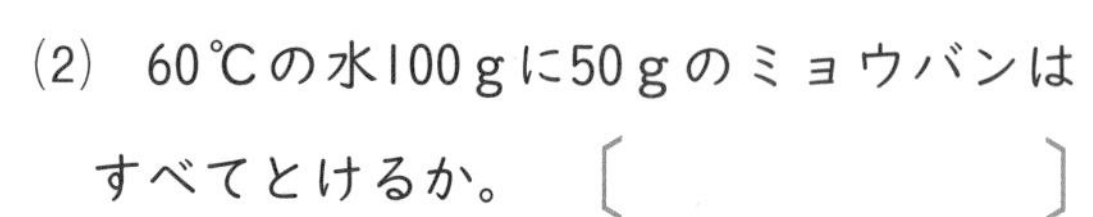

(2)　60℃の水100ｇに50ｇのミョウバンはすべてとけるか。〔　　　　〕

(3)　60℃の水100ｇに30ｇのミョウバンをとかした水溶液を，20℃まで冷やすと，ミョウバンはどうなるか。

〔　　　　　　　　　　〕

(4)　60℃の水100ｇにミョウバンをとかして，ミョウバンの飽和(ほうわ)水溶液をつくった。この飽和水溶液を20℃まで冷やすと，何ｇのミョウバンが結晶(けっしょう)となって出てくるか。〔　　　　〕

2 液体にとけないで混じっている固体をとり出すときは，ろ過の方法を用いる。ろ過のしかたについて，次の問いに答えなさい。 （各６点×３　18点）

図１

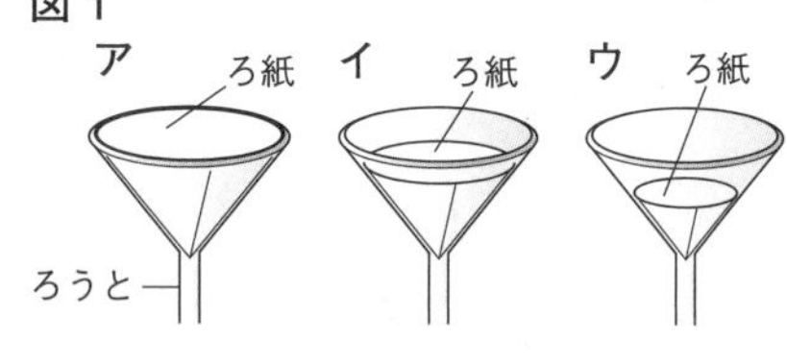

(1)　**図１**で，ろ紙の大きさは**ア**～**ウ**のどれが最もよいか。記号で答えなさい。〔　　　〕

(2)　**図２**は，ろ過のしかたを表している。最も正しい操作を，**カ**～**ク**から選び，記号で答えなさい。

〔　　　〕

図２

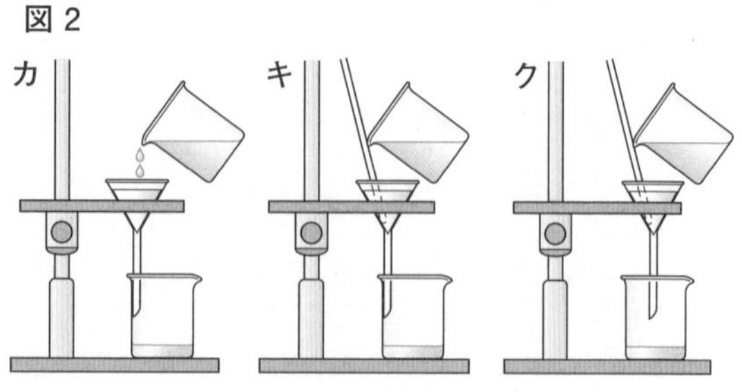

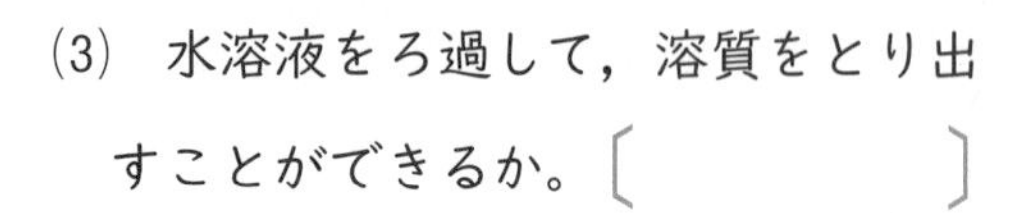

(3)　水溶液をろ過して，溶質をとり出すことができるか。〔　　　〕

1 (1)，(2)グラフから20℃の水にとけるミョウバンの量は12ｇ，60℃の水にとけるミョウバンの量は57ｇである。

2 (1)ろ紙は，ろうとに密着(みっちゃく)させるため，ろうとより少し小さいものを選ぶ。
(2)液はガラス棒を伝わらせて入れる。

学習日	得点
月　日	点

3 一定量の水にとける物質の量について，次の問いに答えなさい。

（各６点×２　⑫点）

⑴　一定量の水に物質をとかしていったとき，物質がそれ以上とけることのできない水溶液のことを何というか。　〔　　　〕

⑵　100 g の水にとける物質の最大の質量を，その物質の何というか。

〔　　　〕

4 次のそれぞれの水溶液の質量パーセント濃度（のうど）を求めなさい。

（各６点×３　⑱点）

⑴　水90 g に食塩10 g をとかしてできる食塩水。　〔　　　〕

⑵　砂糖水200 g 中に，砂糖が30 g とけている砂糖水。

〔　　　〕

⑶　水80 g に，硝酸（しょうさん）カリウム20 g をとかした硝酸カリウム水溶液。

〔　　　〕

5 水溶液の質量パーセント濃度について，次の問いに答えなさい。答えは四捨五入し，小数第１位まで求めなさい。

（各７点×４　㉘点）

⑴　17％の食塩水100 g に水100 g を加えた食塩水の質量パーセント濃度。

〔　　　〕

⑵　４％の食塩水50 g と10％の食塩水100 g を混ぜ合わせた食塩水の質量パーセント濃度。

〔　　　〕

⑶　砂糖水200 g 中に，砂糖が40 g とけている砂糖水の質量パーセント濃度。また，この砂糖水の質量パーセント濃度を10％にするためには，水をあと何 g 加えればよいか。

質量パーセント濃度〔　　　〕　水〔　　　〕

3 ⑵ある物質をとかして飽和水溶液にしたとき，とけた物質の質量が溶解度（ようかいど）である。

5 ⑵まず，それぞれの食塩水にとけている食塩の質量を求める。

学習の要点

5章 物質の状態変化－1

1 状態変化

① **物質の状態** 物質には，固体・液体・気体の３つの状態がある。
↳物質の３態という。

② **物質の状態変化** 物質を熱したり冷やしたりすると，それにともなって，固体⇄液体⇄気体と，その状態が変化する。これを，物質の**状態変化**という。
物質が状態変化をしても，別の物質に変わったり，なくなったりしない。

③ **物質の粒子(りゅうし)と体積・質量** 物質の状態変化では，粒子どうしの間隔(かんかく)が変わるため，その物質の体積は変化するが，物質をつくる粒子の数は変わらないため，質量は変化しない。
↳ふつう，物質は固体から液体になると体積は大きくなるが，水は例外。

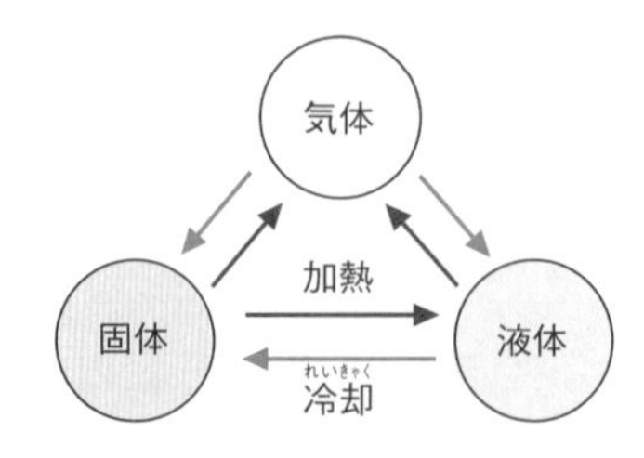

固体
粒子どうしが規則正しく並んでいる。

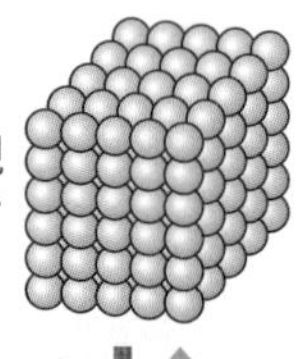

加熱 冷却

液体
粒子と粒子の間にすき間があり，動ける。

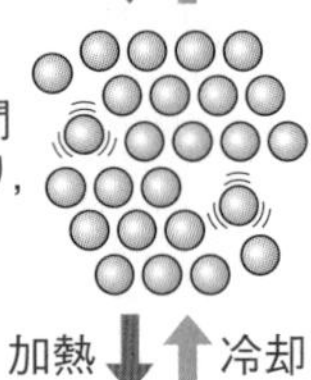

加熱 冷却

気体
粒子と粒子の間隔は広く，自由に飛び回っている。

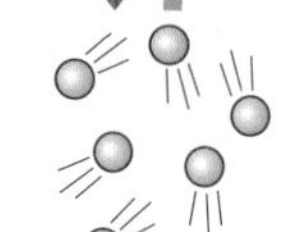

2 固体の物質がとける温度

① **固体が液体になるときの温度変化** 純粋(じゅんすい)な物質の固体が液体に変化する間は，加熱し続けても，温度は一定である。

② **融点(ゆうてん)** 固体がとけて液体に変化するときの温度。物質の種類によって決まっている。
↳物質を見分ける手がかりになる。

ナフタレンの温度変化

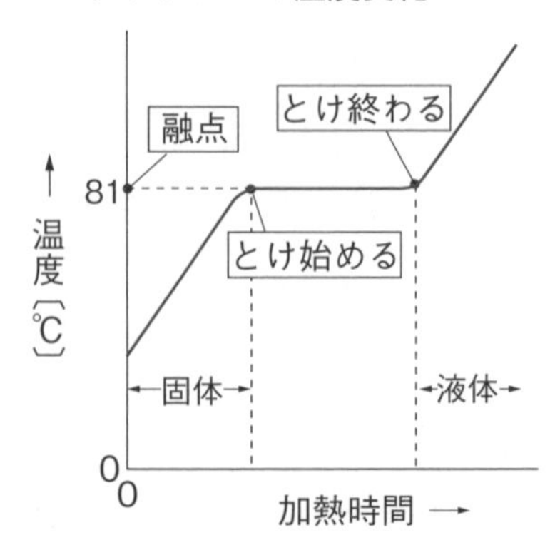

覚えると得

ドライアイス

ドライアイス（固体の二酸化炭素）のように，物質によっては，固体から直接気体に変化したり，気体から直接固体に変化したりするものがある。

ミスに注意

状態変化と体積の変化

ふつう，物質が液体→固体に変化すると体積は小さくなり，液体→気体に変化すると体積は大きくなる。

覚えると得

物質の融点

物質	融点〔℃〕
水	0
ナフタレン	81
塩化ナトリウム	801
エタノール	－115
酸素	－218

左の「学習の要点」を見て答えましょう。

学習日

月　　日

① 状態変化について，次の問いに答えなさい。

チェック P.50①

(1) 次の文の〔　〕にあてはまることばを書きなさい。

・物質には，〔①　　　　〕・〔②　　　　〕・〔③　　　　〕の３つの状態がある。

・物質を熱したり冷やしたりすると，それにともなって，①⇄②⇄③と，その状態が変化する。これを〔④　　　　〕という。物質が④をしても，別の物質に変わったり，なくなったり〔⑤　　　　〕。

・物質の④は，右の図のように，物質をつくる〔⑥　　　　〕のようすの変化で説明できる。

・物質の状態が変化すると，その物質の体積は変化〔⑦　　　　〕が，質量は変化〔⑧　　　　〕。

〔⑨　　　　〕体
粒子どうしが規則正しく並んでいる。

加熱↓　↑冷却

〔⑩　　　　〕体
粒子と粒子の間にすき間があり，動ける。

加熱↓　↑冷却

〔⑪　　　　〕体
粒子と粒子の間隔は広く，自由に飛び回っている。

(2) 右の図の〔　〕にあてはまることばを書きなさい。

② 固体の物質がとける温度について，次の問いに答えなさい。

チェック P.50②

(1) 次の文の〔　〕にあてはまることばを書きなさい。

・純粋な物質の固体が液体に変化する間は，加熱し続けても，温度は〔①　　　　〕である。

・固体がとけて液体に変化するときの温度を，その物質の〔②　　　　〕という。②は物質の種類によって決まって〔③　　　　〕。

(2) 右の図の〔　〕にあてはまることばを書きなさい。

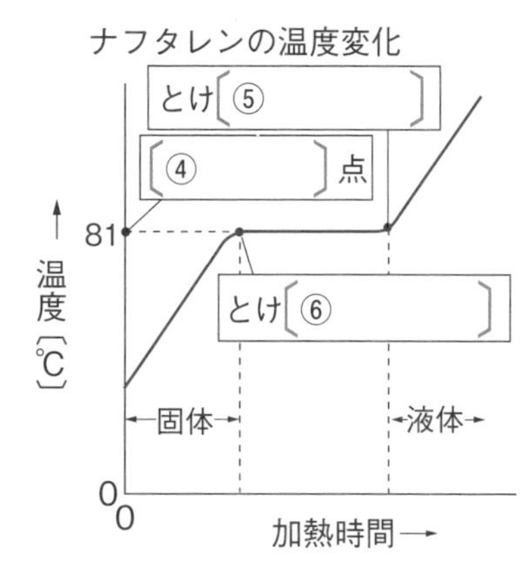

5章 物質の状態変化－2

3 物質の沸騰(ふっとう)する温度

① **沸騰と沸点(ふってん)** 液体を加熱したとき，ある温度になると沸騰が始まる。液体が沸騰して，気体に変化するときの温度を沸点という。沸騰中の温度は一定。
↳加熱し続けても温度は上がらない。

② **純物質（純粋(じゅんすい)な物質）の沸点** 物質の種類によって決まっている。

③ **混合物の沸点** 沸騰が始まっても温度が上がり続けるので，一定にならない。⇒グラフに水平な部分が現れない。
↳混合物の割合が変わる。

水とエタノールの温度変化

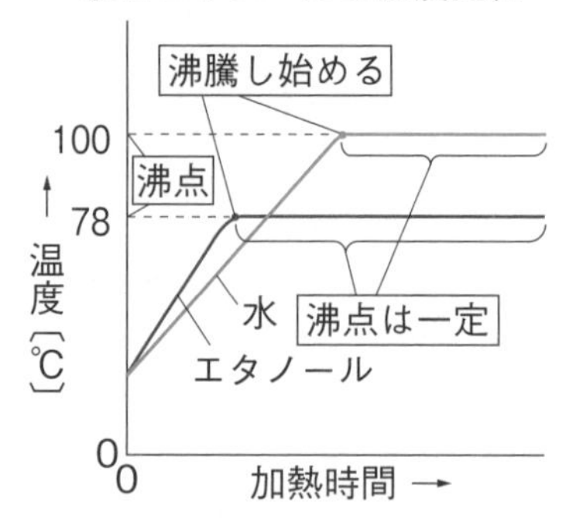

水とエタノールの混合液の温度変化

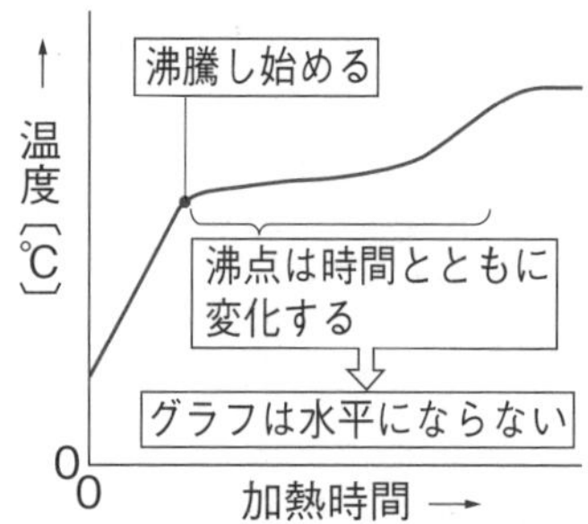

覚えると得

物質の沸点

物質	沸点〔℃〕
水	100
エタノール	78
水銀	357
酸素	−183

純物質と混合物
1種類の物質でできているものを純物質，何種類かの物質が混ざったものを混合物という。

4 蒸留(じょうりゅう)

① **蒸留** 液体を熱して沸騰させ，生じた気体を冷やして再び液体としてとり出すことを蒸留という。

② **蒸留の利用** 沸点のちがいを利用した蒸留によって，液体の混合物から，目的の物質をとり出すことができる。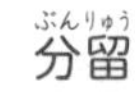水とエタノールの混合物を入れて加熱すると，水よりも沸点の低いエタノールを多くふくんだ気体が先に出てくる。この気体を冷やすと，エタノールを多くふくむ液体をとり出すことができる。エタノールを多くふくむかどうかは，マッチの火を近づける・皮ふにつける・においなどを調べる。
↳蒸留を何度かくり返すと，より純粋に近い物質が得られる。
↳火がついて燃える。
↳冷たく感じる。
↳刺激臭(しげきしゅう)

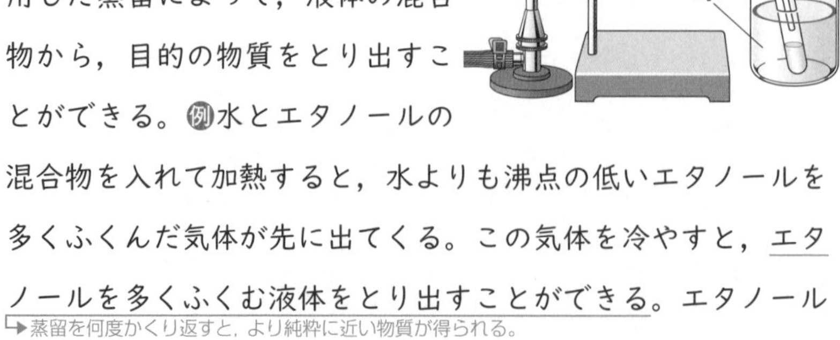

分留(ぶんりゅう)
数種類の液体の混合物を蒸留し，沸点のちがいを利用して各成分に分離(ぶんり)する操作を分留という。
例 原油の分留
沸点の低い順に，ナフサ，灯油，軽油，重油などに分離する。

基本チェック 左の「学習の要点」を見て答えましょう。

学習日 月 日

3 物質の沸騰する温度について，次の問いに答えなさい。

チェック P.52 3

(1) 次の文の〔 〕にあてはまることばを書きなさい。

・液体を加熱したとき，液面だけでなく液体の内部でも，〔① 〕から〔② 〕への変化が始まる。これを〔③ 〕という。③が起きている間，液体の温度は〔④ 〕である。

・液体が沸騰して，気体に変化するときの温度を〔⑤ 〕という。純粋な物質の⑤は，物質の〔⑥ 〕によって決まっている。

・混合物を加熱すると，沸騰が始まっても温度が〔⑦ 〕続けるので，沸点は〔⑧ 〕にならず，グラフに水平な部分が〔⑨ 〕。

・1種類の物質でできている物質を〔⑩ 〕といい，何種類かの物質が混ざったものを〔⑪ 〕という。

(2) 右の図の〔 〕にあてはまることばを書きなさい。

水とエタノールの温度変化

〔⑫ 〕し始める
〔⑬ 〕
100
78
温度〔℃〕
水
エタノール
〔⑭ 〕は一定
0
時間 →

水とエタノールの混合液の温度変化

〔⑮ 〕し始める
温度〔℃〕
沸点は時間とともに変化する
グラフは水平に〔⑯ 〕
0
時間 →

4 蒸留について，次の文の〔 〕にあてはまることばを書きなさい。

チェック P.52 4

・液体を沸騰させ，生じた気体を冷やして再び液体としてとり出すことを〔① 〕という。

・水とエタノールの混合物を加熱すると，水よりも沸点の〔② 〕エタノールを多くふくんだ気体が先に出てくる。この気体を冷やすと，〔③ 〕を多くふくむ液体をとり出すことができる。

・数種類の液体の混合物を蒸留し，〔④ 〕のちがいを利用して各成分に分離する操作を，〔⑤ 〕という。

5章 物質の状態変化

1 下の文を読んで，次の問いに答えなさい。

チェック P.50 ① (各7点×5 35点)

> 物質は，熱したり冷やしたりすると，それにともなって，<u>固体⇄液体⇄気体</u>と変化する。

(1) 物質が下線部のように変化することを何というか。

〔　　　　〕

(2) 固体であるロウをとかして液体のロウにするには，加熱するとよいか，それとも冷却(れいきゃく)するとよいか。〔　　　　〕

(3) 水は沸騰(ふっとう)しているとき，固体，液体，気体のうちのどの状態からどの状態へ変化するか。〔　　から　　〕

(4) 固体のロウをとかして，液体のロウに変化させたとき，ロウの体積は大きくなるか，それとも小さくなるか。〔　　　　〕

(5) 100 g の水をこおらせて氷にすると，何 g の氷になるか。

〔　　　　〕

2 右のグラフは，氷がとけて水になるときの加熱時間と温度の関係を表している。次の問いに答えなさい。

チェック P.50 ② (各5点×3 15点)

(1) グラフ中のア～ウの部分で，氷と水が混じり合った状態になっているのはどこか。記号で答えなさい。〔　　〕

(2) (1)の状態のとき，水（または氷）は何℃になっているか。グラフから温度を読みとり，単位をつけて答えなさい。〔　　　　〕

(3) (2)の温度を水の何というか。

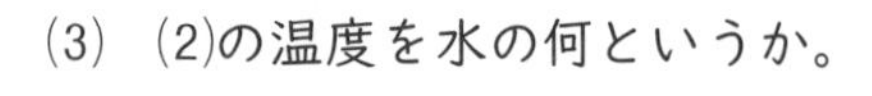

〔　　　　〕

温度〔℃〕 30 20 10 0 −10
加熱時間〔分〕 0 1 2 3 4 5
ア イ ウ

学習日 月 日 得点 点

3 右のグラフは，一定量の水を加熱し続けたときの時間と温度の関係を表している。このグラフをもとに，次の問いに答えなさい。チェック P.52❸（各７点×５ 35点）

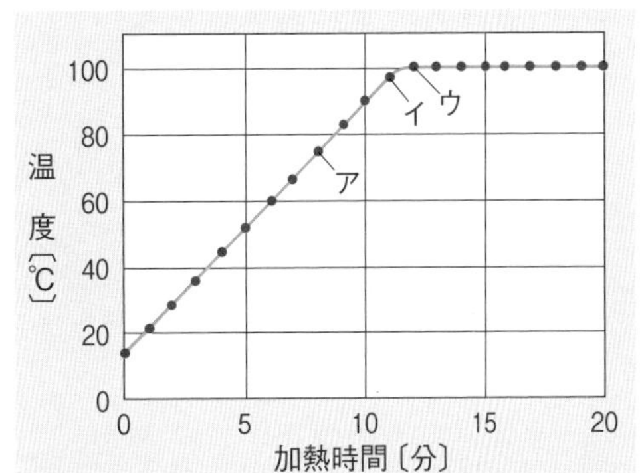

(1) 水が沸（わ）き立ち始めたのは，ア～ウのどのところ（点）であったか。また，そのときの温度は何℃であったか。

点〔　　　〕 温度〔　　　〕

(2) (1)の温度を水の何というか。

〔　　　〕

(3) 水が沸き立ち，水の内部からもさかんに水蒸気が出てくるようになる現象を何というか。〔　　　〕

(4) 水のように，１種類の物質でできている物質を何というか。

〔　　　〕

4 右の図のような装置を用いて，水５cm³とエタノール５cm³を混合した液体を，試験管Ａに入れて加熱した。しばらくすると気体が発生し，試験管Ｂで冷えて，再び液体になった。試験管Ｂに集まった液体が約２cm³になったときに，加熱をやめた。これについて，次の問いに答えなさい。チェック P.52❹（各５点×３ 15点）

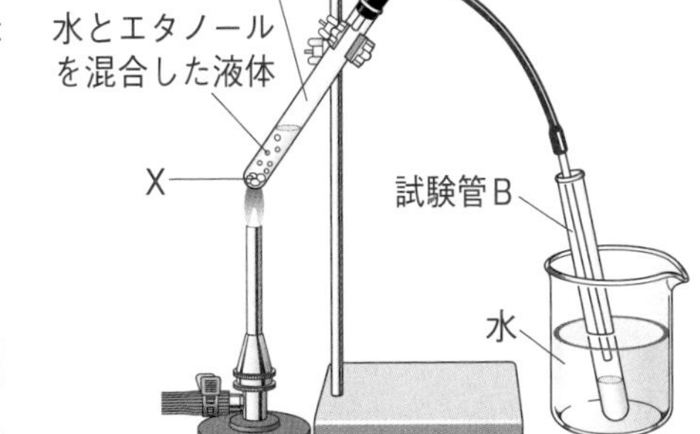

(1) 右の図の装置で，液体が突然（とつぜん）沸騰して飛び出すのを防ぐために，試験管Ａの中に入れたＸを何というか。〔　　　〕

(2) この実験で，試験管Ｂに集まった液体は，水とエタノールのどちらが多いか。

〔　　　〕

(3) この実験のように，液体を加熱して沸騰させ，出てくる気体を冷やして再び液体にしてとり出す方法を何というか。

〔　　　〕

5章 物質の状態変化

1 右の図は，水の状態変化を表している。次の問いに答えなさい。　(各５点×５　㉕点)

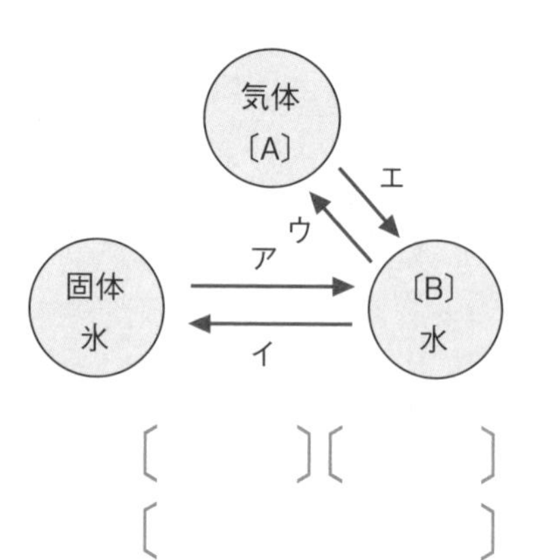

(1) 図中のＡ，Ｂにあてはまることばを書きなさい。

Ａ〔　　　　〕　Ｂ〔　　　　〕

(2) 図中のア～エの矢印のうち，加熱したときの変化を示すものを２つ選び，記号で答えなさい。〔　　〕〔　　〕

(3) 水が氷に変化すると，その体積はどうなるか。〔　　　　〕

2 下の図は，物質をつくる粒子（りゅうし）のようすを表したものである。それぞれ，固体，液体，気体のうちのどの状態を表しているか，書きなさい。　(各５点×３　⑮点)

① 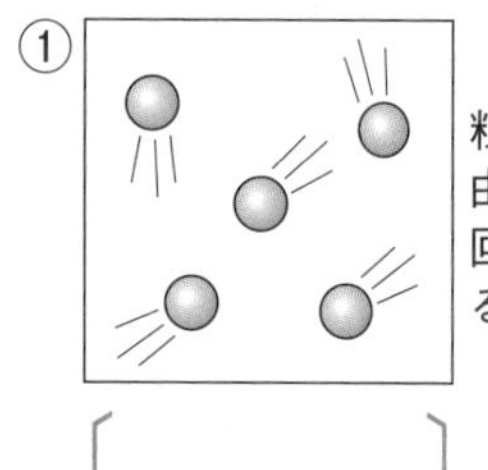
粒子が自由に飛び回っている。
〔　　　　〕

② 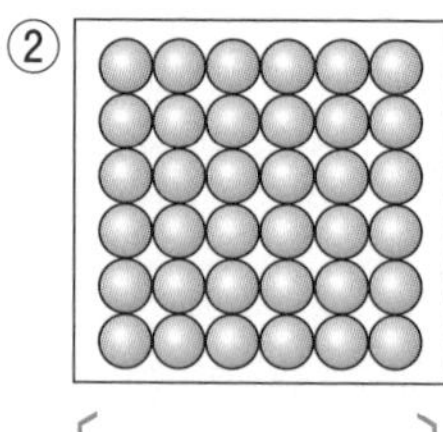
粒子どうしが規則正しく並んでいる。
〔　　　　〕

③ 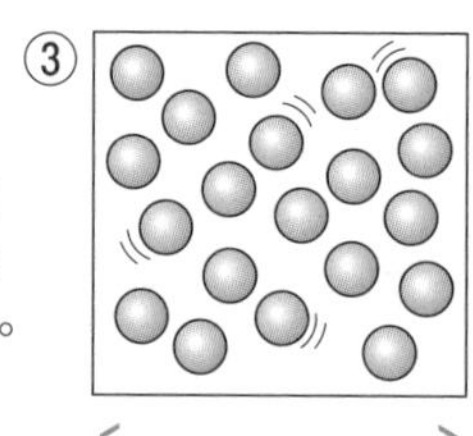
粒子と粒子の間にすき間があり，動ける。
〔　　　　〕

3 右のグラフは，一定量のエタノールを加熱したときの時間と温度の関係を表している。次の問いの答えを，下の｛　　｝の中から選んで書きなさい。　(各５点×３　⑮点)

(1) エタノールが沸騰し始めたのは，加熱開始からおよそ何分後か。〔　　　　〕

(2) エタノールの沸点は何℃か。〔　　　　〕

(3) この実験で，エタノールの量を多くして，同じ条件で加熱すると，グラフ中のアの部分の温度はどうなるか。〔　　　　〕

｛　８分後　　９分後　　68℃　　78℃　　変わる　　変わらない　｝

得点UPコーチ

1 (3)ほとんどの物質は，液体から固体に変化すると，体積は小さくなるが，水は例外で，体積が大きくなる。

3 ９分後に沸点に達し，沸騰が始まっている。沸騰中は温度が一定（グラフのアの部分）になっている。

学習日　　月　　日　得点　　点

4 右のグラフは，パルミチン酸（固体）を加熱したときの時間と温度の関係を表している。次の問いに答えなさい。　（各５点×５　25点）

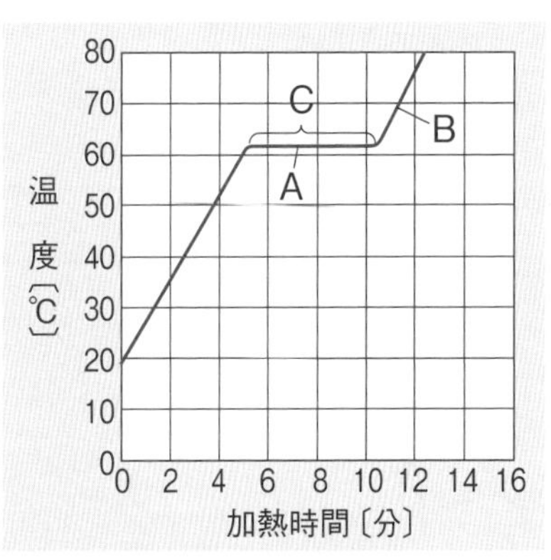

(1)　グラフ中のA，Bの各点で，パルミチン酸は，どのような状態になっているか。次のア～ウから選び，記号で答えなさい。　〔　　　〕

ア　A点では固体，B点では液体

イ　A点では固体と液体，B点では液体

ウ　A点では液体，B点では液体と気体

(2)　グラフ中のCの部分では，状態変化が起こっている。この温度をパルミチン酸の何というか。また，そのときの温度を，下の｛　　｝の中から選んで書きなさい。

温度のよび名〔　　　　　〕　温度〔　　　〕

｛ 60℃　63℃　70℃ ｝

(3)　パルミチン酸の量をこの実験よりも多くして，同じ条件で加熱する。このとき，グラフ中のCに相当する部分の温度と時間はどうなるか。それぞれの答えを，下の｛　　｝の中から選んで書きなさい。

温度〔　　　　　〕　時間〔　　　　　〕

｛ 高くなる　低くなる　長くなる　短くなる　同じ ｝

5 次の文は，ドライアイスについて説明したものである。①には物質名を，②～④には，固体・液体・気体のあてはまることばを書きなさい。　（各５点×４　20点）

ドライアイスは，〔①　　　　　〕を冷やして〔②　　　〕にしたもので，−79℃以下の低温になっている。ドライアイスを室温に置いておくと，〔③　　　〕の状態にならず，直接〔④　　　〕に変わる。

4 (1)，(2)固体がとけ始めてからとけ終わるまでは，固体と液体が混じっている。この状態のときの温度を融点（ゆうてん）といい，一定である。パルミチン酸の融点は63℃である。　(3)物質の量が増えても，融点（温度）は変わらない。

単元2 気体と水溶液

発展ドリル

5章 物質の状態変化

1 右のグラフは，一定量の水とエタノール（液体）の混合物を加熱し続けたときの時間と温度の関係を表している。このグラフをもとに，次の問いに答えなさい。（各8点×2 16点）

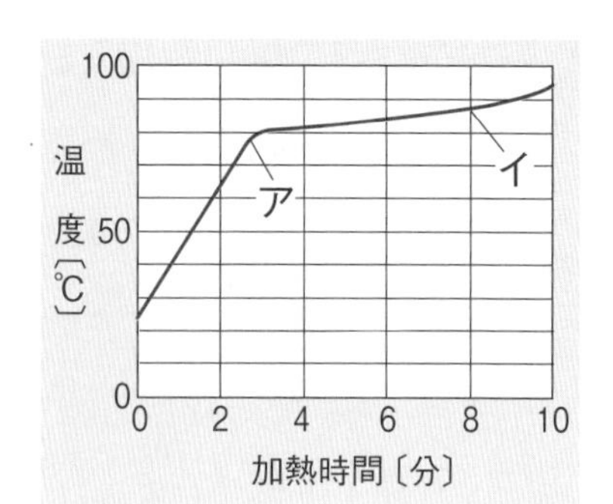

(1) 混合物が沸騰（ふっとう）し始めたのは，加熱開始からおよそ何分後か。下の｛　｝の中から選んで書きなさい。〔　　　〕

｛ 2分後　3分後　6分後 ｝

(2) グラフ中のアとイの時間に混合物から出てくる蒸気で，エタノールが多く混じっているのは，どちらのときか。〔　　　〕

2 次の表は，50gの水を加熱し続けたときの時間と温度を調べて，まとめたものである。次の問いに答えなさい。（各10点×3 30点）

(1) 表では，12分後から温度が一定になっている。この温度を水の何というか。〔　　　〕

時間〔分〕	0	2	4	6	8	10	12	14	16
温度〔℃〕	20	32	48	63	80	95	100	100	100

(2) 沸騰とは，どのような現象か。沸騰のようすとして最も適当なものを，右のア～ウから選び，記号で答えなさい。〔　　　〕

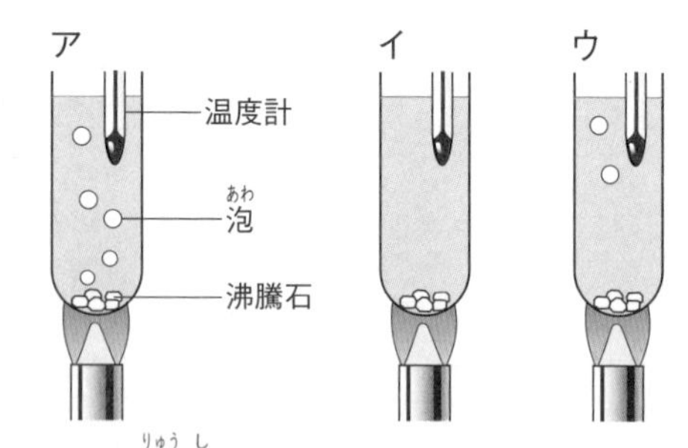

(3) 水が水蒸気になるとき，質量と体積はどうなるか。「粒子（りゅうし）」ということばを用いて，理由とともに簡単に説明しなさい。

〔　　　　　　　　　　　　〕

1 (2)混合物は，沸点の低いほうの物質（ここではエタノール）が先に沸騰し，しだいに沸点の高いほうの物質（ここでは水）が沸騰する。

2 (2)沸騰とは，液体の内部からも気体（泡）が出てくる現象である。

学習日　月　日　得点　点

3 図１のような装置と，水とエタノールの混合液を用いて，下のような実験を行った。これについて，次の問いに答えなさい。（各９点×５　45点）

〔実験〕❶エタノール $3\,cm^3$ と水 $17\,cm^3$ を混ぜてつくった混合液を枝つきフラスコの中に入れ，図１のような装置で加熱する。

❷出てきた液体を $2\,cm^3$ ずつ，ア～ウの３本の試験管に，ア，イ，ウの順に集めた（図２）。

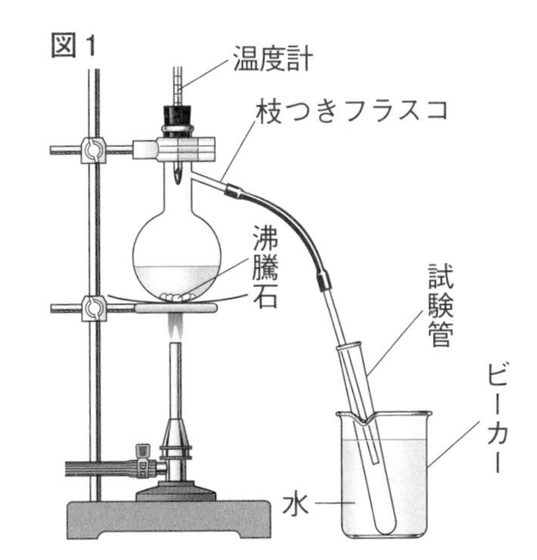

(1)　水とエタノールの混合液を加熱するとき，沸騰石を入れるのはなぜか。
〔　　　　〕

(2)　この実験で，ビーカーの中の水は，試験管に液体を集めるために，どのような役割をしているか。〔　　　　〕

(3)　３本の試験管ア～ウの液体のうち，最もにおいが強いものはどれか。〔　　〕

(4)　３本の試験管ア～ウの液体に，マッチの火をつけてみたところ，１つだけ燃えた。それはア～ウのどの試験管の液体か。〔　　〕

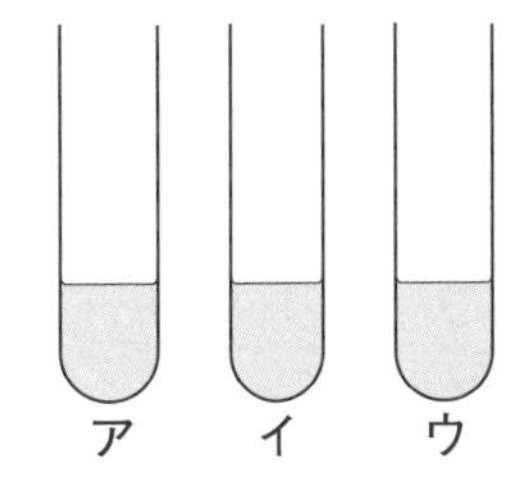

(5)　(3)，(4)から，エタノールを最も多くふくんでいる液体は，ア～ウのどの試験管の液体といえるか。〔　　〕

4 地下から採掘（さいくつ）された石油（原油）は，いろいろな有機物の混合物である。原油を蒸留することによって，ガス，ガソリン，灯油，軽油などに分けてとり出すことができる。これは，それぞれの物質の何のちがいを利用してとり出しているか。（９点）
〔　　　　〕

3 (1)液体が急に沸騰して飛び出すのを防ぐ。　(2)液体を熱して出てきた気体を，冷やして液体にすることを蒸留という。
(3)～(5)においがある，燃えるというのは，エタノールを多くふくんでいるからである。

まとめのドリル

単元2

気体と水溶液

1 下の各文で，〔A群〕は気体の発生方法を示し，〔B群〕はそれらの気体の性質を述べている。次の問いに答えなさい。 (各7点×9 63点)

〔A群〕 ❶石灰石にうすい塩酸を加える。

❷塩化アンモニウムと水酸化カルシウムの混合物を加熱する。

❸二酸化マンガンにうすい過酸化水素水を加える。

❹スチールウール(鉄)にうすい塩酸を加える。

〔B群〕 ア 空気より軽く，空気中で激しく燃える。

イ 石灰水に通すと，石灰水が白くにごる。

ウ 水にとけやすく，その水溶液は赤色リトマス紙を青色に変える。

エ その気体自身は燃えないが，ほかの物質を燃やすはたらきがある。

(1) 〔A群〕の❶，❸の操作で発生する気体を，それぞれ答えなさい。

❶〔　　　　〕 ❸〔　　　　〕

(2) 〔A群〕の❷，❸の操作でそれぞれ発生する気体が示す性質を，〔B群〕の中から選び，記号で答えなさい。

❷〔　　〕 ❸〔　　〕

(3) 右の図のa～cは，気体を集める3つの方法を表している。a～cの気体の集め方を，それぞれ何というか。

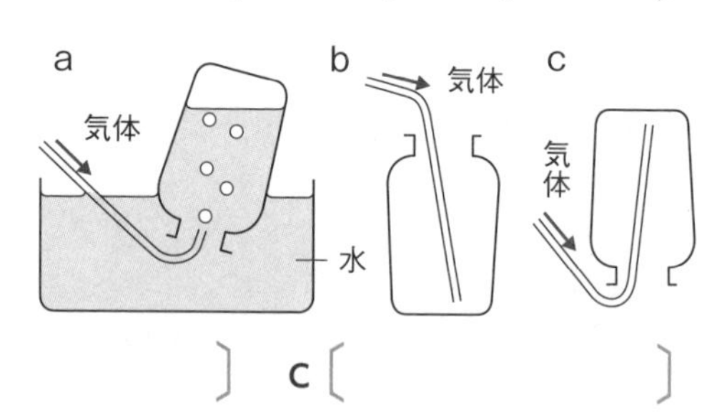

a〔　　　　〕 b〔　　　　〕 c〔　　　　〕

(4) 〔A群〕の❷，❹の操作で発生する気体を集めるときは，a～cのどの方法を用いるのがよいか。それぞれ記号で答えなさい。

❷〔　　〕 ❹〔　　〕

1 (1) A群の❶で発生する気体は二酸化炭素(石灰石の主成分は炭酸カルシウム)，❸で発生する気体は酸素である。 (2) B群のウの性質は，水溶液がアルカリ性を示すということ。 (4) アンモニアは水にとけやすく，空気より密度が小さい。

2 右のグラフは，100 g の水にとける食塩，ミョウバンの質量と温度の関係を示したものである。次の問いに答えなさい。

((1)(2)各５点，(3)６点　16点)

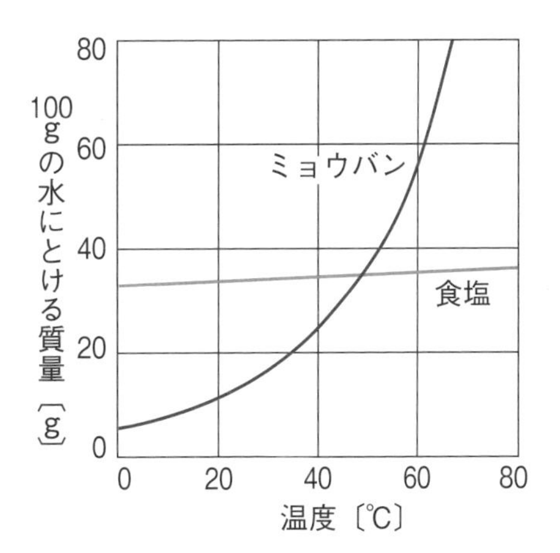

(1)　水100 g にとける物質の最大の質量を，その物質の何というか。　〔　　　　〕

(2)　食塩とミョウバンを，それぞれ60℃の水100 g にとけるだけとかした。どちらが多くとけているか。　〔　　　　〕

(3)　(2)でつくった水溶液を20℃まで冷やすと，とけきれずに結晶（けっしょう）として出てくる量が多いのはどちらか。　〔　　　　〕

3 エタノール，水，同じ体積のエタノールと水を混ぜた混合液がある。右の図は，これらの３種類の液体を，それぞれ加熱したときの温度変化を表したグラフである。次の問いに答えなさい。　（各７点×３　21点）

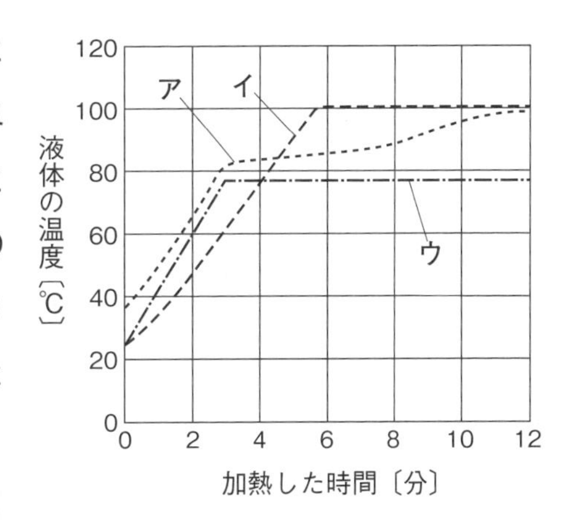

(1)　エタノールと水の温度変化を表すグラフはそれぞれどれか。記号で答えなさい。

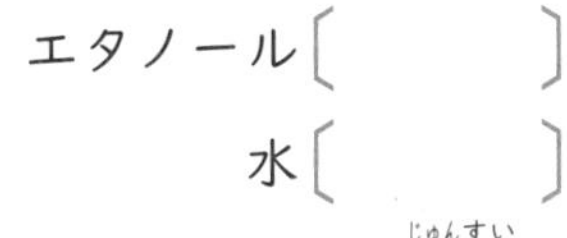

エタノール〔　　　〕

水〔　　　〕

(2)　エタノールと水の混合液から，より純粋（じゅんすい）に近いエタノールを集めるには，再結晶と蒸留（じょうりゅう）のどちらを行えばよいか。　〔　　　　〕

得点UPコーチ

2 (3)温度によってとける量が大きく異なる物質は，その性質を利用して，結晶をとり出すことができる。この方法を再結晶という。

3 (2)沸点（ふってん）のちがいを利用して集める。

定期テスト対策問題(3)

1 下の操作1～3によって，いろいろな気体を集めた。次の問いに答えなさい。

（各3点×6　18点）

〔操作1〕 亜鉛（あえん）にうすい硫酸（りゅうさん）を加えて，気体Aを発生させた。

〔操作2〕 二酸化マンガンにうすい過酸化水素水を加えて，気体Bを発生させた。

〔操作3〕 貝がらにうすい塩酸を加えて，気体Cを発生させた。

(1) 発生したA～Cにあてはまる気体を，それぞれ答えなさい。

A〔　　　　　〕 B〔　　　　　〕 C〔　　　　　〕

(2) 気体A～Cのうち，石灰水に通すと，石灰水が白くにごるのはどれか。記号で答えなさい。 〔　　　〕

(3) 気体Aを試験管に集める方法として最も適当なものを，右の図のア～ウから選び，記号で答えなさい。 〔　　　〕

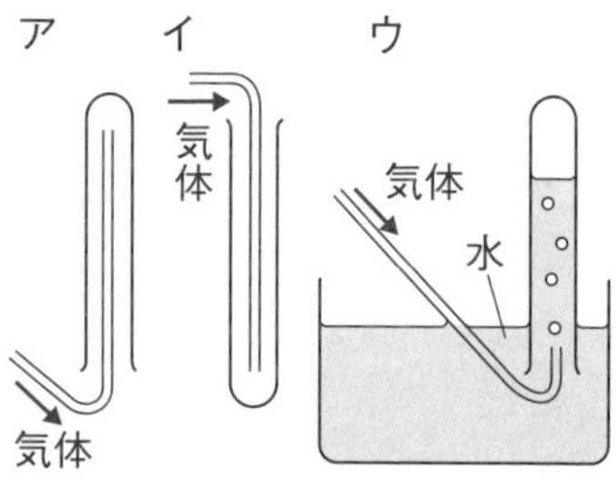

(4) (3)で選んだ気体の集め方を何というか。

〔　　　　　〕

2 右のグラフは，食塩（塩化ナトリウム），硫酸銅の溶解度（ようかいど）と温度の関係を示したものである。次の問いに答えなさい。

（各6点×4　24点）

(1) 食塩と硫酸銅を，それぞれ60℃の水100 gにとけるだけとかした。このとき，とけている物質の質量が多いのはどちらか。 〔　　　　　〕

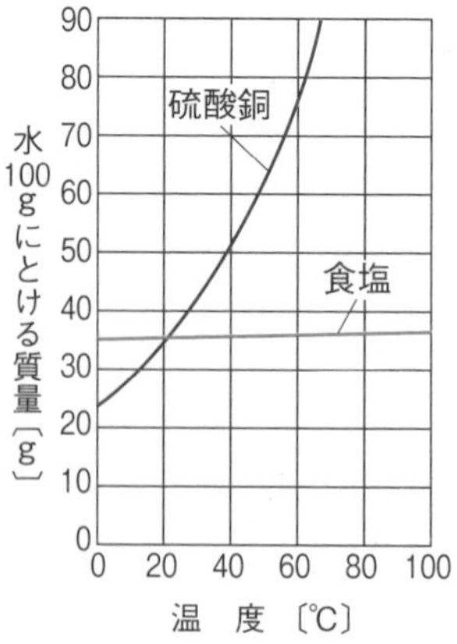

(2) (1)のように，限度いっぱいに物質がとけている水溶液を何というか。

〔　　　　　〕

(3) (1)の液をそれぞれ20℃まで冷やすと，結晶（けっしょう）が出てくる。このとき，出てくる結晶の量が多いのは，食塩と硫酸銅のどちらか。 〔　　　　　〕

(4) (3)のように，水にとけた物質を再び結晶としてとり出す方法を何というか。

〔　　　　　〕

3 右の図は，加熱や冷却(れいきゃく)による物質の状態変化の関係をまとめたものである。次の問いに答えなさい。

(各6点×5　30点)

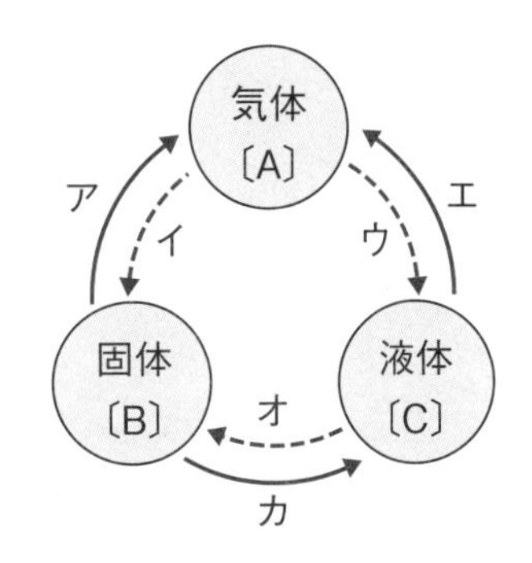

(1)　図の状態変化で，加熱を表す変化の矢印をすべて選び，記号で答えなさい。

〔　　　　　〕

(2)　図中のBが氷の場合，A，Cはそれぞれ何か。あてはまることばを答えなさい。

A〔　　　　〕　C〔　　　　〕

(3)　液体のロウが固体のロウに変化するとき，その体積と質量は，どう変化するか。

体積〔　　　　〕　質量〔　　　　〕

4 右のグラフは，一定量の水を，氷の状態から加熱し続けたときの時間と温度の関係を模式的に表したものである。次の問いに答えなさい。　(各4点×7　28点)

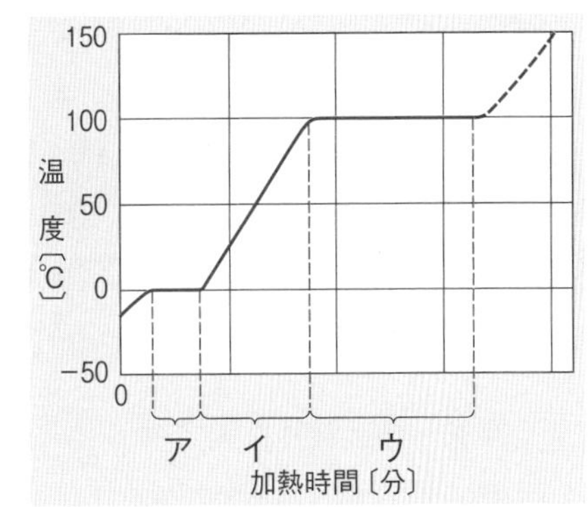

(1)　氷がとけ始めてからとけ終わるまでを示しているのは，ア～ウのどこか。記号で答えなさい。

〔　　　〕

(2)　(1)のときの温度は何℃か。また，このときの温度を水の何というか。名称(めいしょう)を答えなさい。

温度〔　　　　〕　名称〔　　　　〕

(3)　ウでは，水の内部からもさかんに泡(あわ)が出ていた。この現象を何というか。

〔　　　　〕

(4)　水の温度が沸点(ふってん)に達しているのは，ア～ウのどこか。記号で答えなさい。

〔　　　〕

(5)　ア，ウでは，それぞれ温度が一定になっている。このときの温度は，水の量によって変わるか。

〔　　　　〕

(6)　同じ10gの水と氷では，どちらのほうが体積が小さいか。

〔　　　　〕

定期テスト対策問題(4)

1 右の表は，物質の融点と沸点を表している。次の問いに答えなさい。

（各10点×2　20点）

物質	融点〔℃〕	沸点〔℃〕
酸素	－218	－183
エタノール	－115	78
水	0	100
ナフタレン	81	218

(1) －200℃で液体の物質を，右の表から１つ選んで書きなさい。〔　　　〕

(2) 200℃で液体の物質を，右の表から１つ選んで書きなさい。〔　　　〕

2 質量パーセント濃度が20％の砂糖水をつくりたい。濃度を求める式と溶液のつくり方で正しいものを，次のア～エから選び，記号で答えなさい。（8点）

〔　　　〕

ア　$\frac{\text{溶質の質量}}{\text{溶媒の質量}}\times 100$　なので，水100 gに砂糖20 gをとかす。

イ　$\frac{\text{溶質の質量}}{\text{溶媒の質量}}\times 100$　なので，水80 gに砂糖20 gをとかす。

ウ　$\frac{\text{溶質の質量}}{\text{溶液の質量}}\times 100$　なので，水100 gに砂糖20 gをとかす。

エ　$\frac{\text{溶質の質量}}{\text{溶液の質量}}\times 100$　なので，水80 gに砂糖20 gをとかす。

3 硝酸カリウムのとけ方について，実験１・２を行った。右のグラフは，硝酸カリウムの溶解度を表したものである。次の問いに答えなさい。ただし，実験１・２を通して，水の量の変化はないものとする。

（各８点×３　24点）

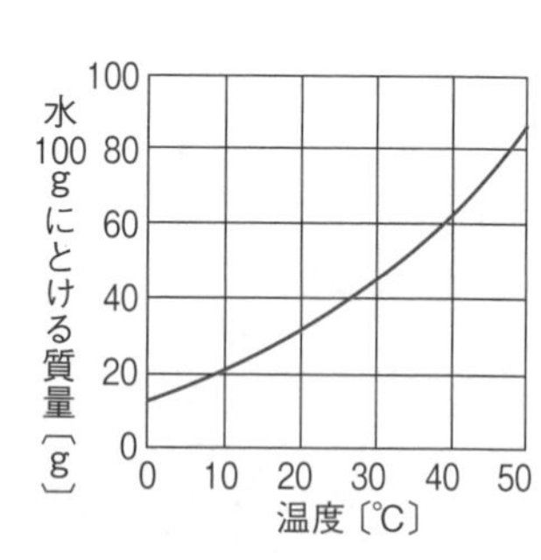

〔実験１〕　100 gの水が入ったビーカーを，ガスバーナーで熱して，水の温度を50℃にした。その水に，56 gの硝酸カリウムを入れて，完全にとかした。

〔実験２〕　実験１の水溶液を20℃まで冷やすと，ビーカーの底に硝酸カリウムの結晶が出てきた。

(1) 実験１の水溶液の質量パーセント濃度は何％か。答えは小数第１位を四捨五入して，整数で答えなさい。〔　　　〕

⑵ 20℃の水100 gに限度いっぱいにとかすことのできる硝酸カリウムの質量は，グラフを使って考えると，およそ何gか。次のア～エから選び，記号で答えなさい。〔　　〕

ア 24 g　　イ 32 g　　ウ 44 g　　エ 56 g

⑶ **実験2**で，ビーカーの底に出てきた硝酸カリウムの質量は，グラフを使って考えると，およそ何gか。次のア～エから選び，記号で答えなさい。〔　　〕

ア 24 g　　イ 32 g　　ウ 44 g　　エ 56 g

4 **図1は酸素を，図2は水素を発生させて集める実験装置を模式的に表したものである。それぞれの▭内には，発生させた気体を試験管に集める装置があるものとする。次の問いに答えなさい。**（各8点×6　48点）

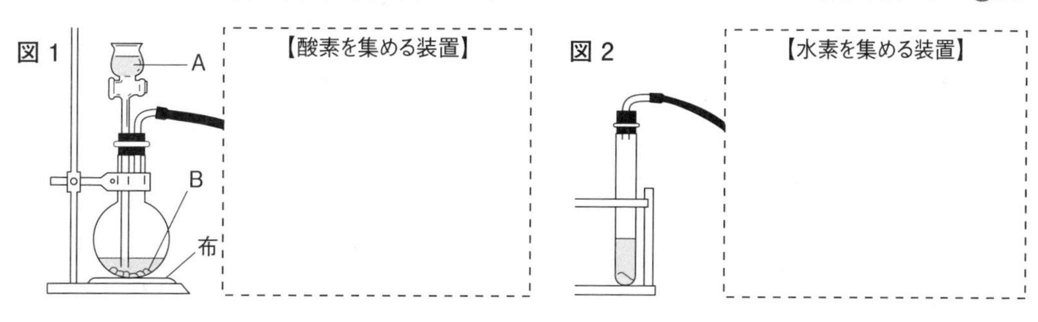

⑴ 酸素を発生させるために，**図1**の実験器具の中に入れたAとBの物質はそれぞれ何か。　A〔　　〕　B〔　　〕

⑵ 気体を試験管に集める装置を，**図1**，**図2**の▭内にそれぞれ簡単に図示しなさい。ただし，操作する手やゴム栓(せん)はかかなくてよい。

⑶ 酸素と水素の性質について述べたものを，次のア～エからそれぞれ選び，記号で答えなさい。　酸素〔　　〕　水素〔　　〕

ア 空気中で火をつけると，燃えて水ができる。

イ 特有のにおいがあり，有毒である。

ウ 空気より軽く，水によくとける。

エ ものを燃やすはたらきがある。

復習 小学校で学習した「光」「音」

❶ 光の進み方

① **日光の進み方**　日光は，まっすぐに進む。

② **日光をはね返す**　鏡を使うと，日光をはね返すことができる。また，はね返した日光もまっすぐに進む。

③ **影(かげ)のでき方**　日光をさえぎるものがあると，影ができる。影は，太陽の反対側にできる。

❷ 光を集める

① **鏡で日光を集める**　鏡ではね返した日光が当たったところは，明るく，あたたかくなる。また，はね返した日光を重ねるほど，日光が当たったところはいっそう明るくなり，いっそうあたたかくなる。

② **虫眼鏡で日光を集める**　虫眼鏡を使うと，日光を集めることができる。しかし，目を痛めるので，虫眼鏡で太陽を絶対に見てはいけない。

③ **日光が集まる部分の大きさを変える**　虫眼鏡を動かすと，日光が集まる部分の大きさが変わる。日光が集まる部分の大きさを小さくすると，明るさはいっそう明るくなり，温度はいっそう高く(熱く)なる。

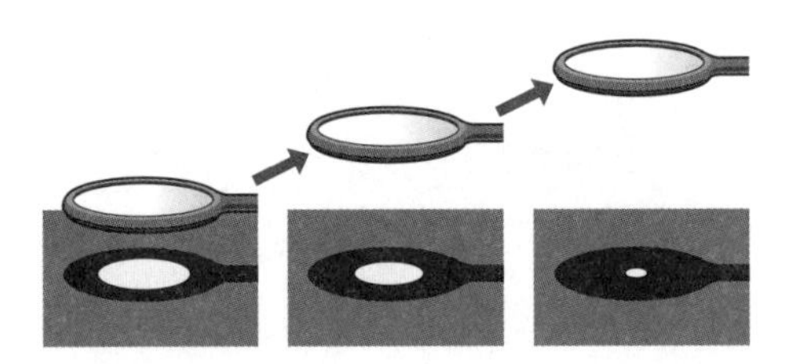

❸ 音の伝わり方

●ものから音が出ているとき，ものはふるえている。

●大きい音はふるえが大きく，小さい音はふるえが小さい。

→ふるえを止めると，音は止まる。

●音が伝わるとき，音を伝えるものはふるえている。

→ふるえを止めると，音は伝わらない。

復習ドリル

思い出そう

1 右の図のように鏡を3枚使って日光をつなぎ，壁（かべ）に日光を当てた。次の問いに答えなさい。

(1) 日光は，どのように進むか。次のア～エから選び，記号で答えなさい。〔　　〕

ア　まっすぐ進む。　イ　少しずつ曲がりながら進む。

ウ　左右にゆれるように進む。　エ　少しずつ下向きに進む。

(2) 図のようにつなぐことができるのは，日光は鏡に当たるとどうなるからか。〔　　〕

(3) 図のAの部分の明るさとあたたかさは，まわりの壁と比べてどうなっているか。

明るさ〔　　〕　あたたかさ〔　　〕

2 右の図のように虫眼鏡を動かしていったところ，Aの部分がしだいに小さくなっていった。次の問いに答えなさい。

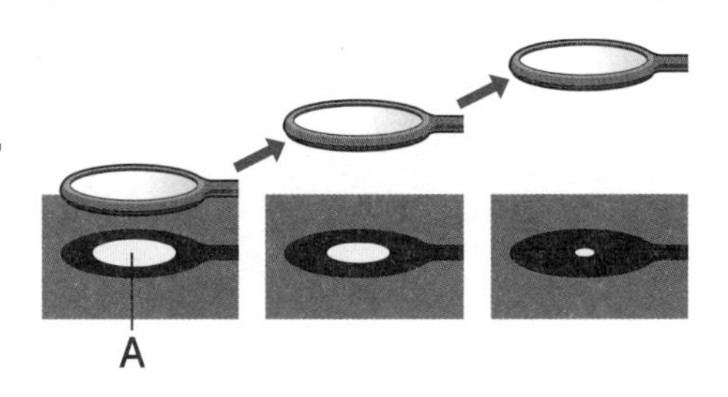

(1) 図のようにAの部分が小さくなっていくと，Aの部分の明るさと温度はどうなっていくか。

明るさ〔　　〕　温度〔　　〕

(2) Aの部分の明るさや温度が，(1)のようになるのは，虫眼鏡にどのようなはたらきがあるからか。

〔　　〕

3 音について，次の文の〔　〕にあてはまることばを書きなさい。

・ものから音が出ているとき，ものは〔①　　〕いる。

・音の大きさが大きいほど，ふるえ方は〔②　　〕なる。

◀鏡ではね返した日光の道筋は，まっすぐになっている。

◀日光が当たっているところは，当たっていないところと比べて，明るく，あたたかくなっている。

◀図のように集めた日光を，絶対に人の体や燃えやすいものなどに当ててはいけない。その理由を考えてみよう。

6章 光の世界－1

1 光の反射

① **光の直進** 光は空気中やガラス，水などの中をまっすぐ進む。

② **光の反射** 光が鏡などに当たってはね返ること。

③ **光の反射の法則** 光が鏡などに当たって反射するときは，入射角と反射角が等しくなる。
（入射角→入射する角度　反射角→反射する角度）

入射角 ＝ 反射角

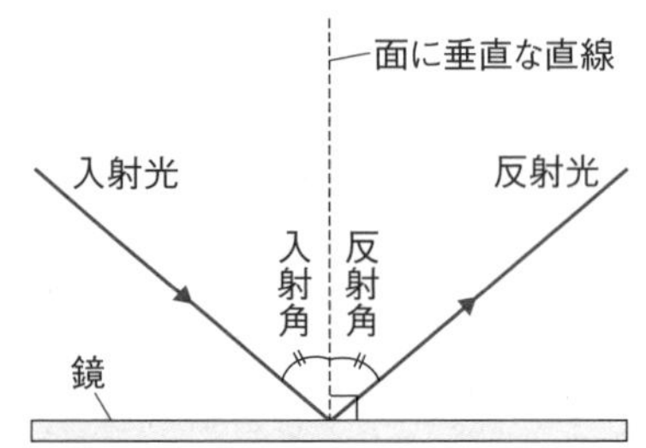

④ **乱反射** 物体の表面に細かい凹凸（おうとつ）があるとき，光がいろいろな方向に反射すること。

2 光の屈折（くっせつ）

① **光の屈折** 光が空気中から透明（とうめい）な物質（ガラスや水）へ進むときや，透明な物質から空気中へ進むとき，境界面で光が曲がること。光は境界面に垂直に当たると，そのまま直進する。

●**光が空気中からガラスへ進むとき**
…屈折角は入射角より小さくなる。（屈折角→屈折する角度）

入射角 ＞ 屈折角

●**光がガラスから空気中へ進むとき**
…屈折角は入射角より大きくなる。

入射角 ＜ 屈折角

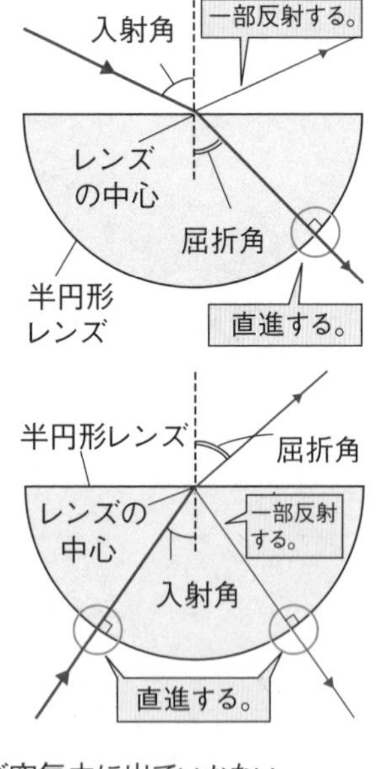

② **全反射** 光がガラスや水から空気中へ進むとき，入射角を，ある角度以上にすると，光が境界面ですべて反射すること。（光がガラスや水から空気中へ→逆の進み方では全反射しない。）

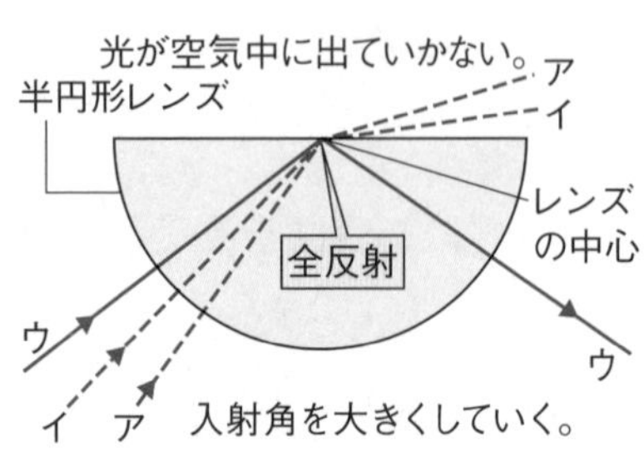

ミスに注意

入射角と反射角は，鏡の面に垂直な直線と光がつくる角。

覚えると得

光源
太陽や蛍光灯（けいこうとう）など，自ら光を出すもの。

白色光（はくしょくこう）
太陽や白熱電灯から出た光で，いろいろな色の光が混ざっている。白色光はプリズムによって，いろいろな色の光に分かれる。

ずれて見えるわけ
厚いガラスごしにろうそくを見ると，実際とずれて見える。これは屈折してから目に入った光が，直進してきたように見えるためである。

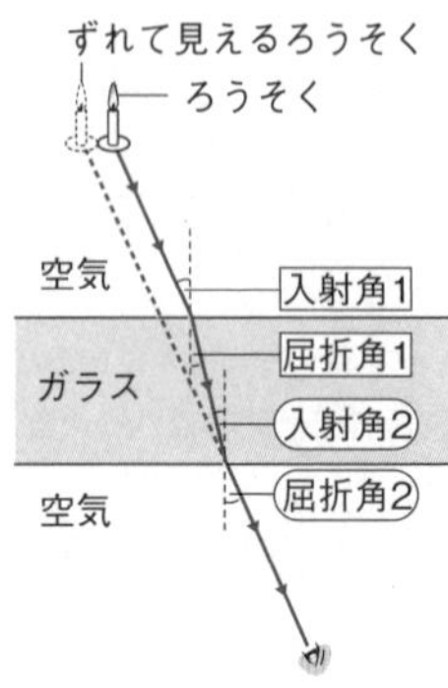

左の「学習の要点」を見て答えましょう。

学習日　　月　　日

① 光の反射について，次の問いに答えなさい。

チェック P.68❶

(1) 次の文の〔　〕にあてはまることばを書きなさい。

・光は空気中やガラス，水などの中を〔①　　　　〕する。

・光が鏡などに当たってはね返ることを，光の〔②　　　　〕という。

・光が鏡などに当たって反射するときは，入射する角度である〔③　　　　〕の大きさと，反射する角度である〔④　　　　〕の大きさが〔⑤　　　　〕。

(2) 右の図の〔　〕にあてはまることばを書きなさい。

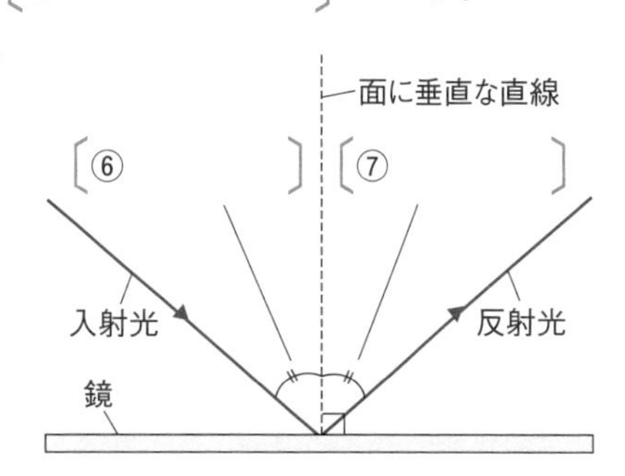

② 光の屈折について，次の問いに答えなさい。

チェック P.68❷

(1) 次の文の〔　〕にあてはまることばを書きなさい。

・光が空気中から透明な物質（ガラスや水）へ進むときや，透明な物質から空気中へ進むとき，境界面で光が曲がることを，光の〔①　　　　〕という。

・光が空気中から透明な物質へ進むとき，屈折角が入射角より〔②　　　　〕なるように屈折する。反対に，光が透明な物質から空気中へ進むとき，屈折角が入射角より〔③　　　　〕なるように屈折する。

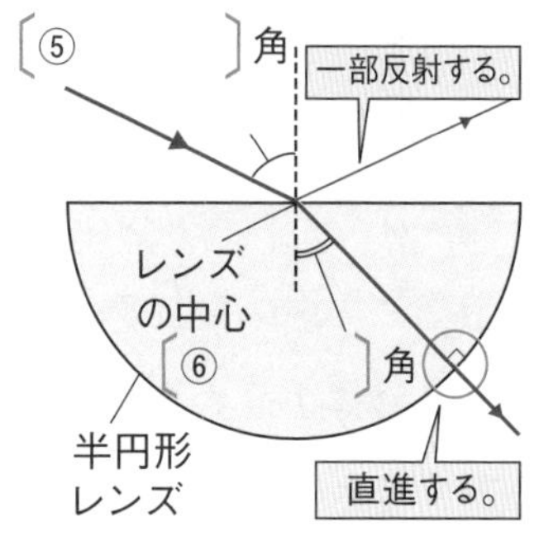

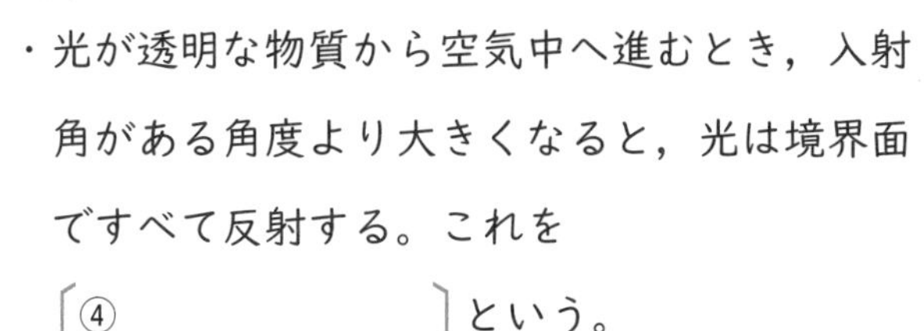

・光が透明な物質から空気中へ進むとき，入射角がある角度より大きくなると，光は境界面ですべて反射する。これを〔④　　　　〕という。

(2) 右の図の〔　〕にあてはまることばを書きなさい。

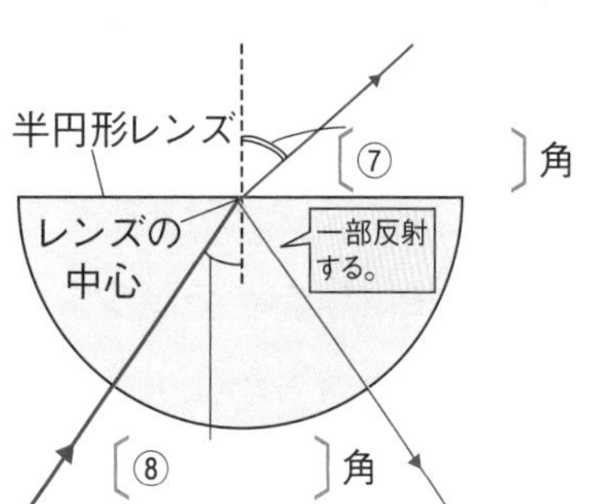

学習の要点

6章 光の世界－2

3 凸レンズと焦点

① **焦点**　平行な光を凸レンズの真正面に当てたとき，光が屈折して集まる点。
（焦点：凸レンズの両側に一つずつある。）（凸レンズ：中央部が厚いレンズ）

② **焦点距離**　凸レンズの中心から焦点までの距離。

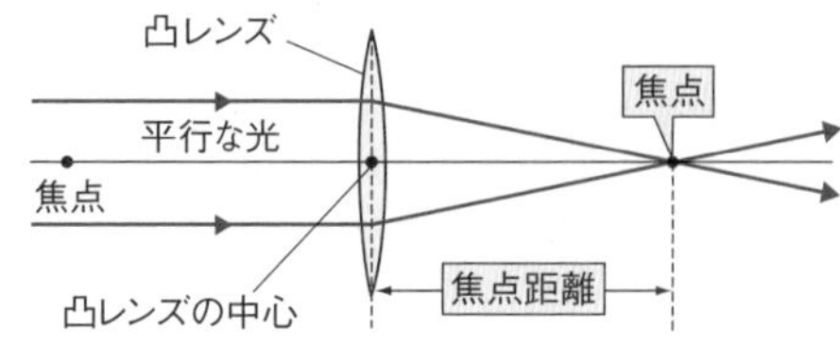

4 凸レンズと実像

① **凸レンズを通った光の進み方と作図**　代表的な線を選んで作図する。

② **物体が焦点距離の2倍より遠くにあるとき**　物体より小さい，上下・左右逆の像（実像）ができる。

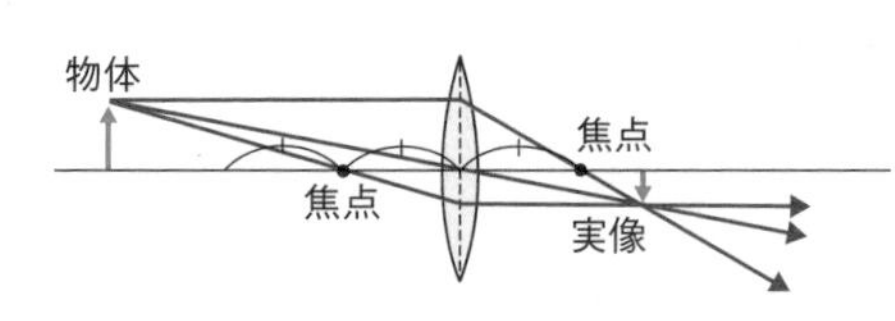

③ **物体が焦点距離の2倍の位置にあるとき**　物体と同じ大きさの上下・左右逆の像（実像）ができる。

④ **物体が焦点距離の2倍の位置と焦点の間にあるとき**　物体より大きい，上下・左右逆の像（実像）ができる。

⑤ **実像**　実際に光が集まってできる像（②～④）。
（スクリーンにうつる。）

5 凸レンズと虚像

① **物体が焦点と凸レンズの間にあるとき**　物体より大きい，同じ向きの像（虚像）が見える。
（凸レンズを通して物体を見たときに見える。）

② **虚像**　屈折した光をのばした点から光がきたように見える像（①）。
（実際には光が集まっていないので，スクリーンにはうつらない。）

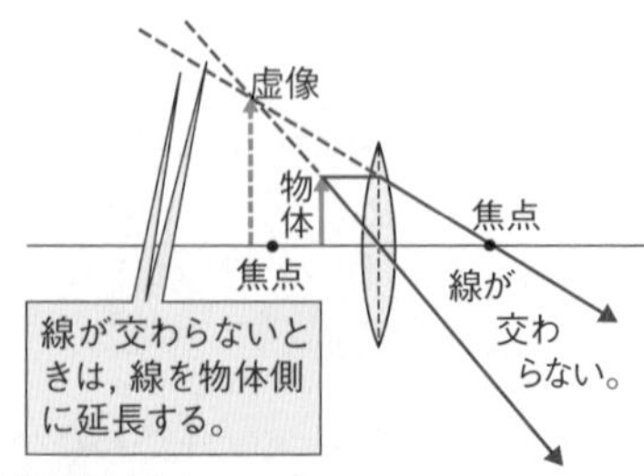

覚えると得

像
鏡にうつる物体は鏡の奥にあって，そこから光が進んできたように見える。これを物体の像という。

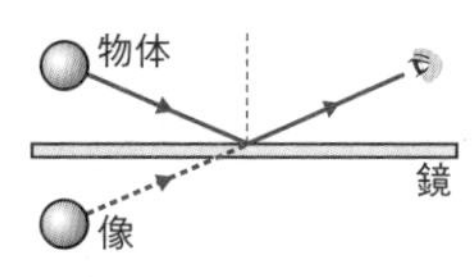

光軸（凸レンズの軸）
凸レンズの中心を通って，凸レンズの面に垂直な軸を光軸という。

重要　テストに出る

●物体が焦点の外側にあるときは実像。
●物体が焦点の内側にあるときは虚像。

ミスに注意

○物体が焦点の位置にあるときは，像ができない。
○ルーペで拡大して見ている像は虚像で，スクリーンにうつった映画の像は実像。

基本チェック

左の「学習の要点」を見て答えましょう。

学習日　　月　　日

③ 凸レンズと焦点について，次の問いに答えなさい。

チェック P.70③

(1) 次の文の〔　〕にあてはまることばを書きなさい。

・光軸に平行な光を当てたとき，光が屈折して集まる点を〔①　　　　〕という。

・凸レンズの中心から①までの距離を〔②　　　　〕という。

(2) 右の図の〔　〕にあてはまることばを書きなさい。

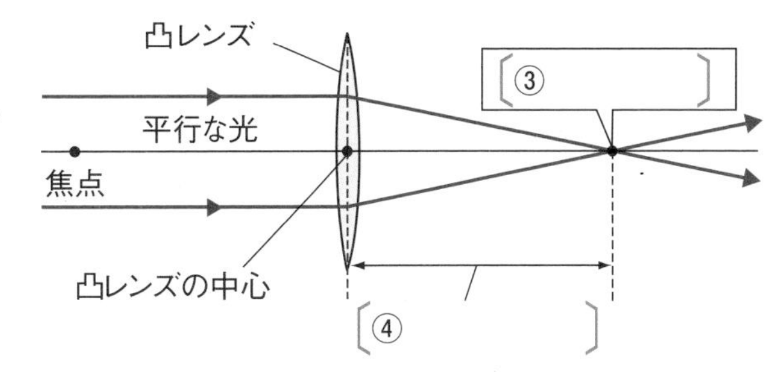

④ 凸レンズと実像，虚像について，次の問いに答えなさい。

チェック P.70④⑤

(1) 次の文の〔　〕にあてはまることばを書きなさい。

・凸レンズを通過した光が１点に集まって，スクリーン上にできる像を〔①　　　　〕という。①の向きは物体と〔②　　　　〕である。

・物体が焦点距離の２倍より遠くにあるとき，①の大きさは物体より〔③　　　　〕。

・物体が焦点距離の２倍の位置にあるとき，①の大きさは物体と〔④　　　　〕。

・物体が焦点距離の２倍の位置と焦点の間にあるとき，①の大きさは物体より〔⑤　　　　〕。

(2) 右の図の〔　〕にあてはまることばを書きなさい。

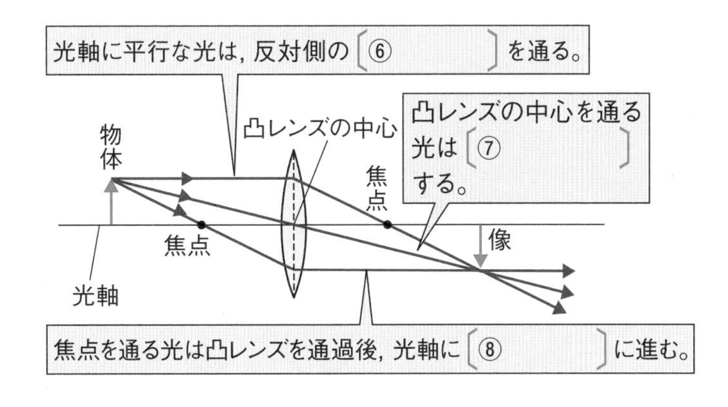

(3) 物体が焦点と凸レンズの間にあるときに，凸レンズを通して見える像を何というか。

〔　　　　〕

6章 光の世界

1 次の問いに答えなさい。

チェック P.68❶ (各5点×5 ㉕点)

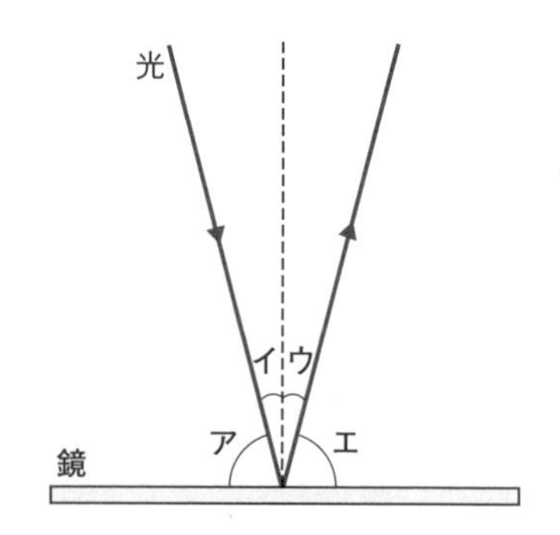

(1) 右の図で，光が入射する角度（入射角）と反射する角度（反射角）を示しているのは，それぞれどれか。ア～エから選び，記号で答えなさい。

入射角〔　　　〕 反射角〔　　　〕

(2) 入射角を小さくすると，反射角は大きくなるか。それとも，小さくなるか。

〔　　　　　　〕

(3) 入射角を0°にすると，反射角は何度になるか。〔　　　〕

(4) 入射角と反射角は，どのような関係か。下の〔　〕に，等号または不等号を書きなさい。

入射角〔　　　〕反射角

2 次の問いに答えなさい。

チェック P.68❷ (各5点×7 ㉟点)

(1) 右の①，②の図で，入射角と屈折角（くっせつかく）を示しているのは，どれか。①，②の図のア～カから選び，それぞれ記号で答えなさい。

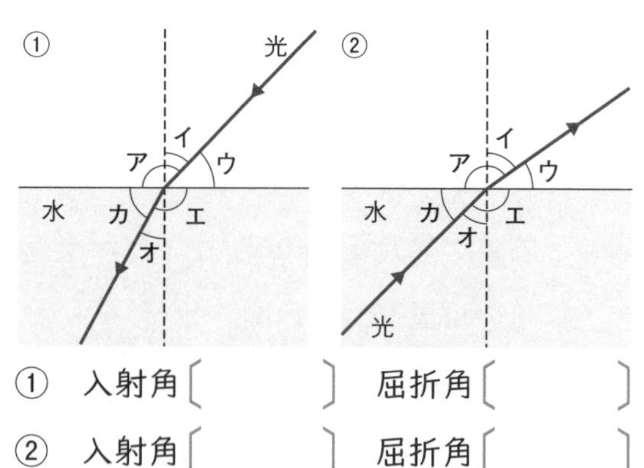

① 入射角〔　　　〕 屈折角〔　　　〕

② 入射角〔　　　〕 屈折角〔　　　〕

(2) 光が空気中から水中に入射するとき，屈折角は入射角より大きくなるか，小さくなるか。

〔　　　　　　〕

(3) 光が水中から空気中に入射するとき，屈折角は入射角より大きくなるか，小さくなるか。

〔　　　　　　〕

(4) 光が空気と水の境界面に垂直に入射するとき，光は屈折するか，直進するか。

〔　　　　　　〕

学習日　月　日　得点　点

3 次の問いに答えなさい。

チェック P.70③④ (各5点×6　30点)

(1) 平行な光を凸レンズの真正面に当てたときに，光が集まる点を何というか。

〔　　　〕

(2) (1)で答えた点は，1つのレンズにいくつあるか。〔　　　〕

(3) レンズの中心から(1)で答えた点までの距離を何というか。〔　　　〕

(4) 下の①～③の図で，正しい光の進み方を示しているものを，それぞれの図のア～ウから選び，記号で答えなさい。　①〔　　　〕　②〔　　　〕　③〔　　　〕

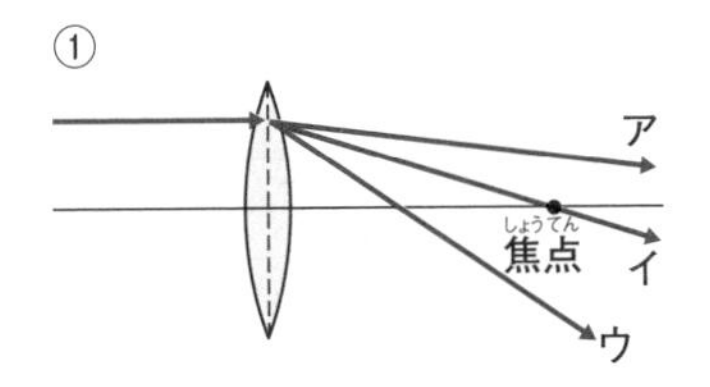

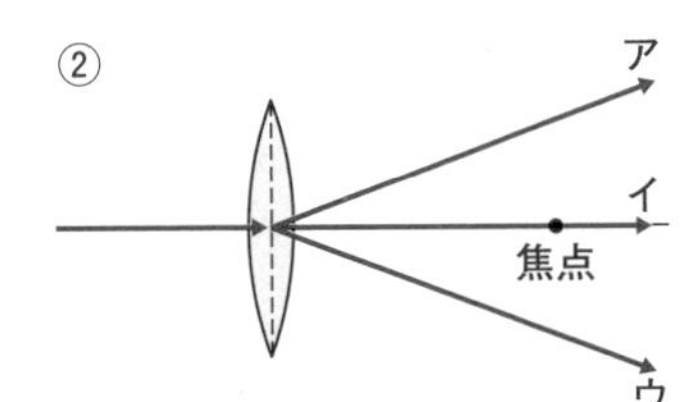

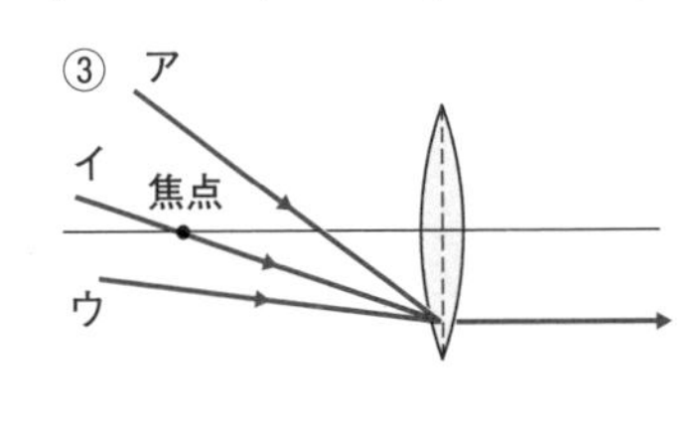

4 作図のしかたを参考にして，下の①，②の図に，物体の先端Aから出た光が，凸レンズを通る道筋をかき，像を作図しなさい。

チェック P.70④⑤ (各5点×2　10点)

〔実像の作図のしかた〕

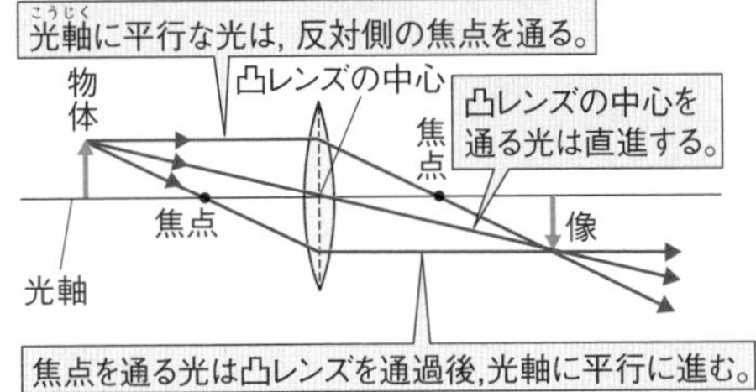

①

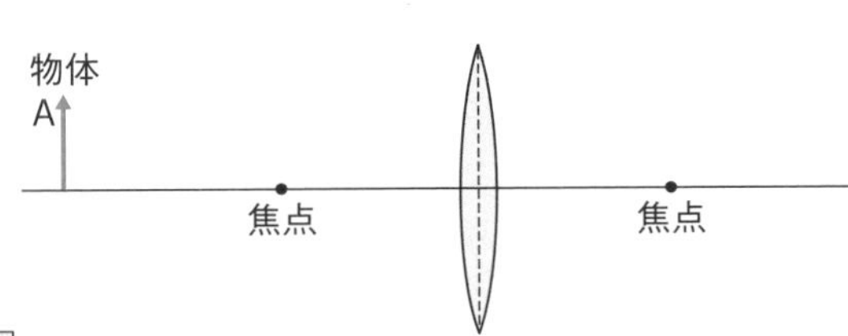

〔虚像の作図のしかた〕

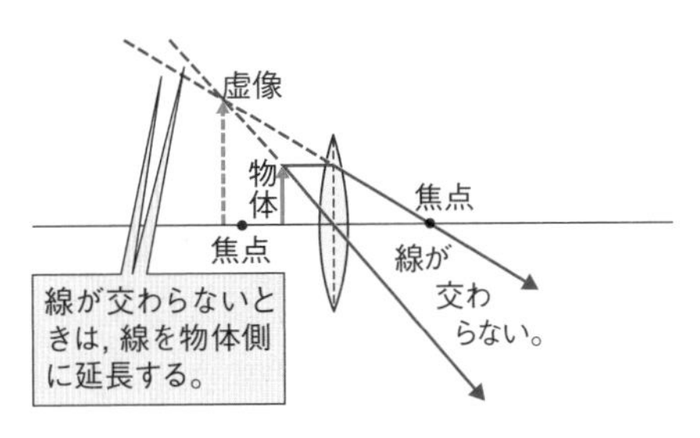

②

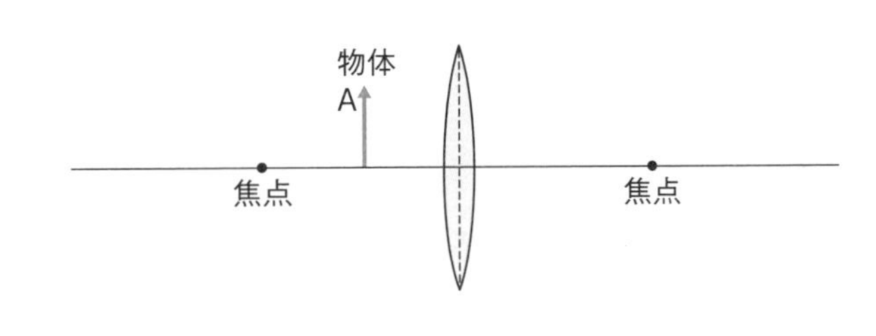

6章 光の世界

1 右の図は，鏡の前にろうそくを置いたときのようすを示している。次の問いに答えなさい。

（各8点×3　24点）

(1)　ろうそくから出た光A，Bは，それぞれ鏡でどの向きに反射するか。ア～ウとカ～クから選び，記号で答えなさい。

A〔　　　〕　B〔　　　〕

(2)　光が(1)で答えたように反射することを，何の法則というか。下の｛　　｝の中から選んで書きなさい。

〔　　　　　　　〕

｛　光の直進の法則　　光の入射の法則　　光の反射の法則　｝

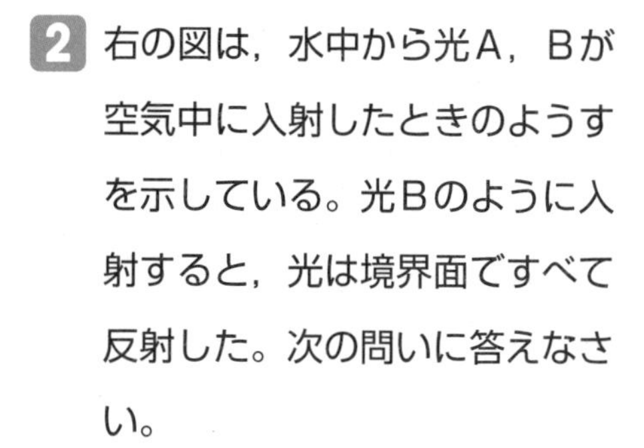

2 右の図は，水中から光A，Bが空気中に入射したときのようすを示している。光Bのように入射すると，光は境界面ですべて反射した。次の問いに答えなさい。

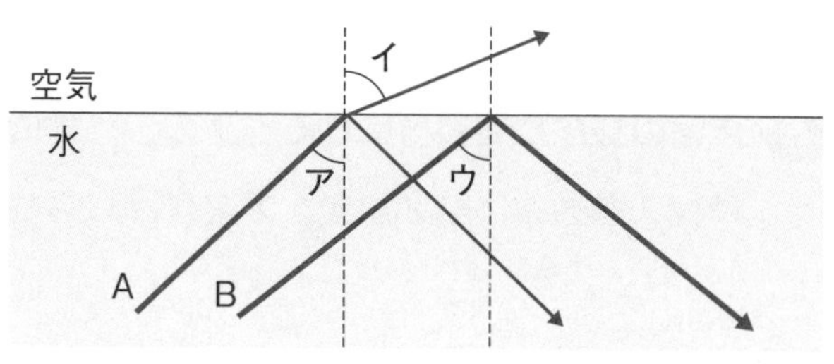

（各6点×6　36点）

(1)　図のア，イの角を，それぞれ何というか。

ア〔　　　　　　〕　イ〔　　　　　　〕

(2)　ア，イの角で大きいのはどちらか。記号で答えなさい。　〔　　　〕

(3)　ア，ウの角で大きいのはどちらか。記号で答えなさい。　〔　　　〕

(4)　次の文の〔　　〕にあてはまることばを書きなさい。

入射角をある角度より〔①　　　　　〕すると，すべての光が反射するようになる。この現象を〔②　　　　　〕という。

得点UPコーチ

1 (1)光は，入射角と反射角が等しくなるように進む。角度の大きさは，鏡に垂直な直線を引いて比べる。

2 光が空気中から透明（とうめい）な物質に入射したときは，図のBのようにすべて反射することはない。

学習日　月　日　得点　点

3 下の図のように，凸(とつ)レンズの焦点距離(しょうてんきょり)の２倍の位置に物体を置いた。次の問いに答えなさい。

((1)６点，(2)(3)各５点　16点)

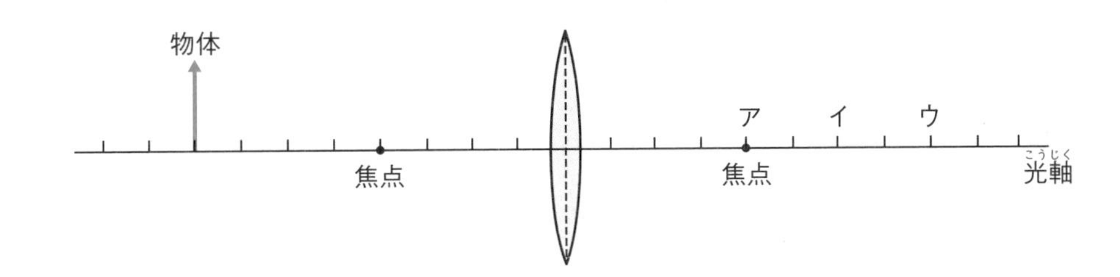

(1) 上の図に，物体の先端(せんたん)から出た光の道筋をかいて，凸レンズによってできる像を作図しなさい。

(2) (1)でできる像を何というか。　〔　　　　〕

(3) はっきりした像がうつるスクリーンの位置として最も適当なものを，図のア～ウから選び，記号で答えなさい。　〔　　〕

4 右の図は，凸レンズを通してろうそくを見たときのようすを示しており，どちらも実物より大きく見えた。次の問いに答えなさい。

(各８点×３　24点)

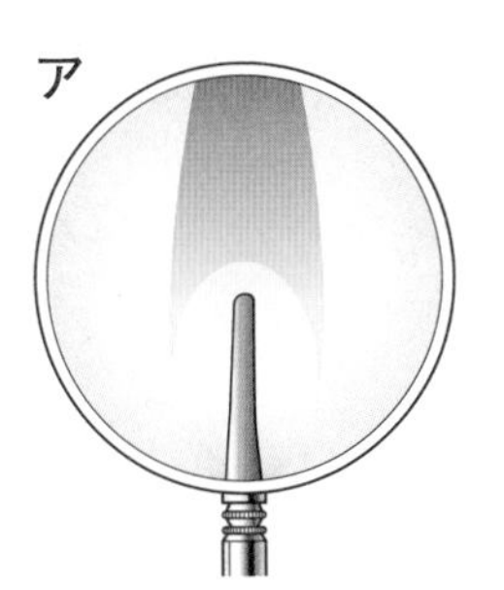

(1) ろうそくは，焦点よりも，凸レンズから遠い位置にあるか。それとも，近い位置にあるか。　〔　　　　〕

(2) 見えている像は，実像，虚像(きょぞう)のどちらか。　〔　　　　〕

(3) 凸レンズとろうそくの距離は，ア，イのどちらが近いか。記号で答えなさい。

〔　　〕

3 (1)凸レンズの中心を通る線と，焦点を通る線から求める。　(3)作図で求めた像の位置に，スクリーンを置く。

4 (1)，(2)像が逆さまではないことに着目する。　(3)虚像は，物体を凸レンズの近くに置くほど，小さくなる。

発展ドリル

単元3　光と音

6章 光の世界

1 右の図は，鏡にうつった鉛筆を見ているようすを示している。次の問いに答えなさい。

（各５点×４　20点）

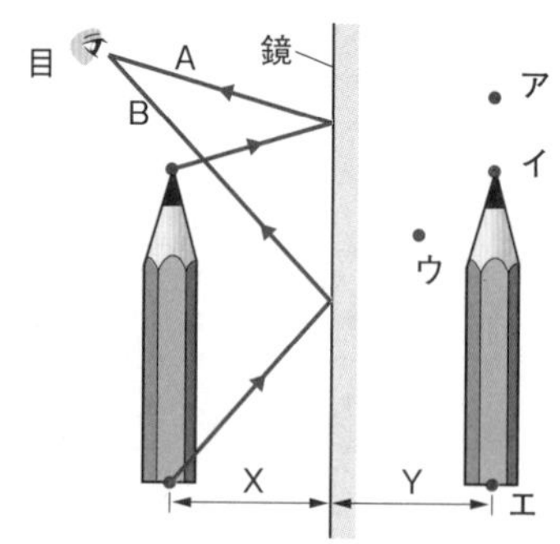

(1)　目に入ってくる光A，Bは，鏡の向こう側のア～エのどの点からくるように見えるか。

A〔　　　〕　B〔　　　〕

(2)　右の図で，物体と鏡にうつった像は，どのような関係になっているか。下の｛　｝の中から選んで書きなさい。　〔　　　　　〕

｛　拡大・縮小の関係　　線対称の関係　｝

(3)　XとYの距離の関係はどうなっているか。　〔　　　　　〕

2 次の①～④の図で，正しい光の進み方を示しているものを，それぞれのア～ウから選び，記号で答えなさい。

（各５点×４　20点）

①　空気　水　ア　イ　ウ

②　空気　水　ア　イ　ウ

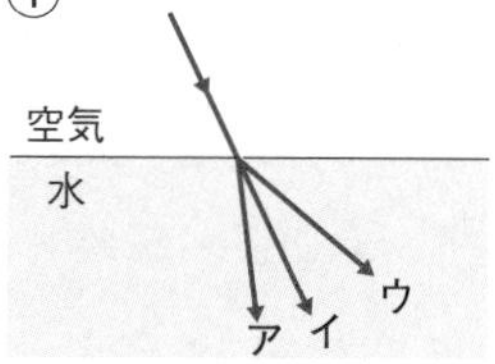

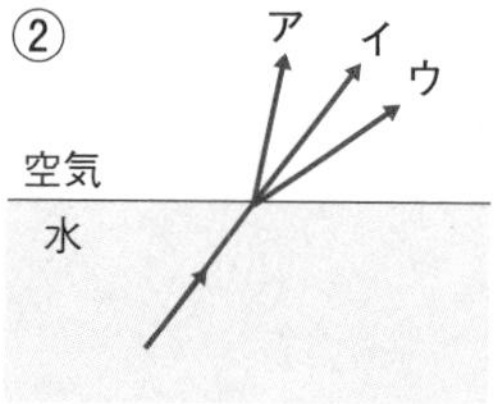

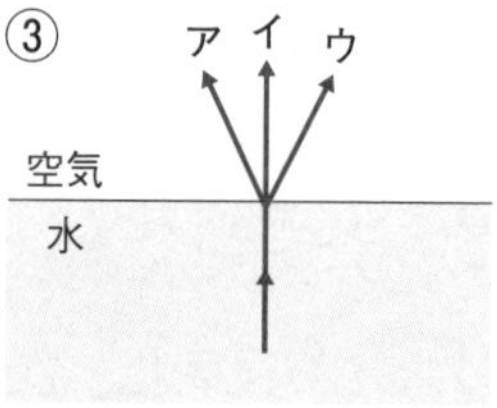

③　空気　水　ア　イ　ウ

④　空気　水　ア　イ　ウ

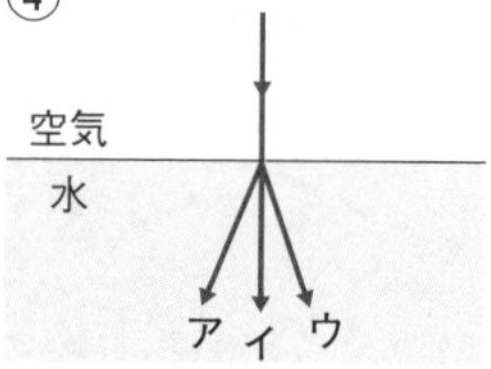

①〔　　　〕　②〔　　　〕　③〔　　　〕　④〔　　　〕

3 光源（光を出すもの）を凸レンズの焦点に置くと，凸レンズを通った光はどのように進むか。右の図のア～ウから選び，記号で答えなさい。

（7点）

〔　　　〕

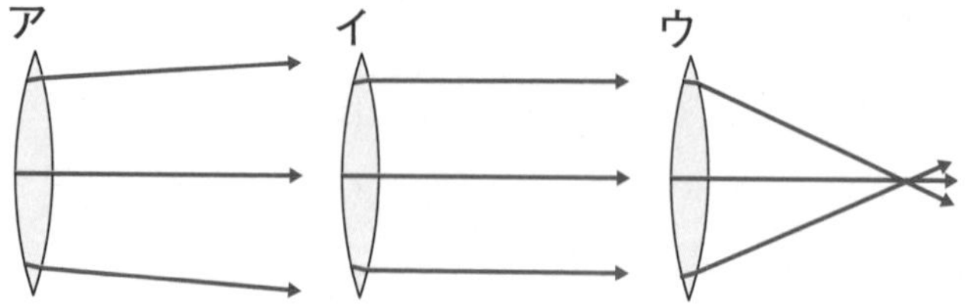

ア

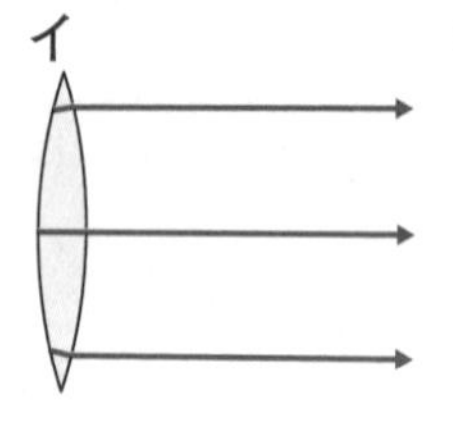

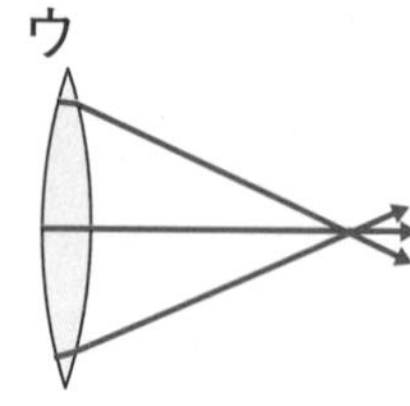

得点UPコーチ

1 (1)実際に直線を引いてみると，反射した光が，鏡をはさんで，対称の位置から出ているように見えることがわかる。

2 ①入射角＞屈折角
②入射角＜屈折角
③，④境界面に垂直に入射している。

学習日　　月　　日　得点　　点

4 右の図のAの位置に物体を置くと，スクリーンに像がうつらず，凸レンズを通して見ても，像は見えなかった。次の問いに答えなさい。

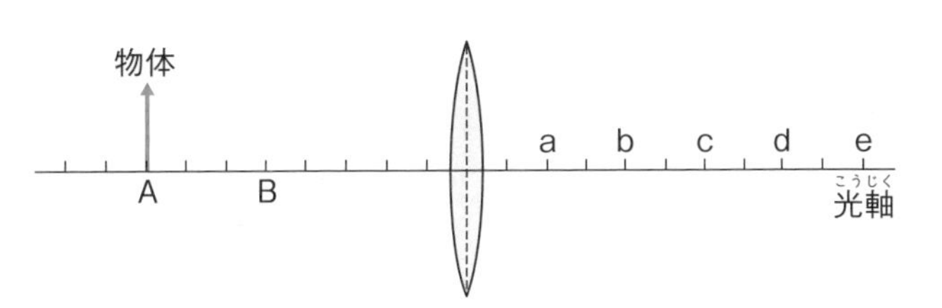

(各8点×4　32点)

(1) Aはどんな位置にあるか。次のア～ウから正しいものを選び，記号で答えなさい。〔　　〕

ア　焦点距離の2倍　　イ　焦点　　ウ　焦点距離の$\frac{1}{2}$

(2) 焦点は，図のa～eのどこにあるか。記号で答えなさい。〔　　〕

(3) 物体をAからBに移動すると，スクリーンに像がうつるか。〔　　〕

(4) 物体がBの位置にあるときに見える像は，実像，虚像のどちらか。〔　　〕

5 右の図のように，凸レンズとろうそくの距離を変えて，はっきりした像ができるスクリーンの位置と，そのときの像の大きさを調べた。次の問いに答えなさい。ただし，凸レンズの焦点距離を15cmとする。

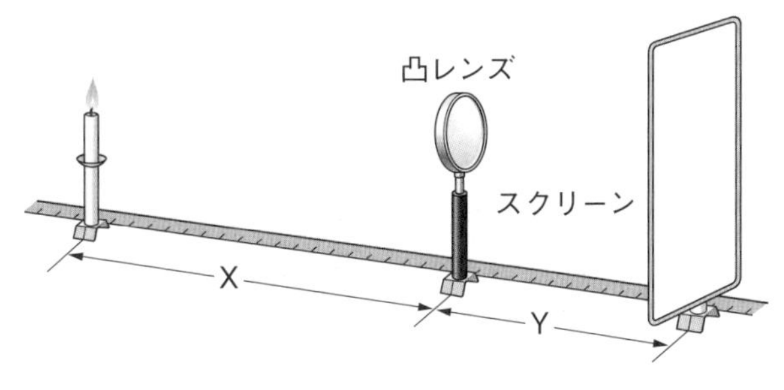

(各7点×3　21点)

(1) 図の距離Xを30cmにしたとき，はっきりした像をスクリーンにうつすには，距離Yを何cmにすればよいか。〔　　〕

(2) (1)のとき，像の大きさは実物と比べてどうか。〔　　〕

(3) 距離Xを20cmにしたときと，40cmにしたときでは，できる像が大きいのは，どちらにしたときか。〔　　〕

4 (1)Aの位置では，実像も虚像もできないことに着目する。 (2)凸レンズの両側の焦点距離は，それぞれ等しい。

5 (1)，(2)ろうそくは，焦点距離の2倍の位置にある。 (3)距離Xを大きくするほど，スクリーンにうつる像は小さくなる。

7章 音の世界－1

❶ 音の伝わり方

① **音の発生** 音が出る物体がふるえて（振動(しんどう)して）生じる。

② **音を伝えるもの** 空気のような**気体**や水のような**液体**，金属のような**固体**。

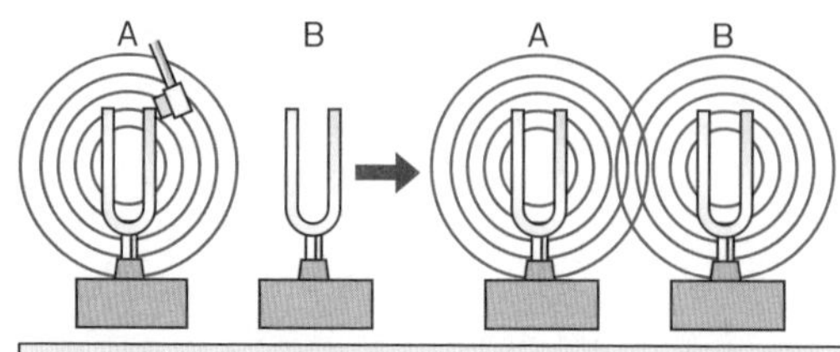

- **空気中**…音源の振動が空気中を伝わっていく。
- **真空中**…真空中には音を伝える物質がないので，**音は伝わらない**。
  ↳光は真空中でも伝わる。

③ **音の伝わり方** 音源が振動すると，そのまわりの空気がおし縮められて濃(こ)くなったり，引っ張られてうすくなったりして，振動が次々と伝わる。このとき，空気そのものは**移動しない**。

- **波**…振動が次々に伝わる現象。

❷ 音の速さ

① **音の速さと光の速さ** 光はほぼ瞬間的(しゅんかんてき)に伝わるが，音は光に比べておそく，空気中を伝わる音の速さは，秒速約340mである。
↳光の速さは，秒速約30万km。

- **かみなり**…いなずまが光ってから，少しおくれてかみなりの音が聞こえる。
  ↳光と音が同時に出る。

② **音の速さの求め方**

$$音の速さ〔m/s〕= \frac{伝わる距離(きょり)〔m〕}{伝わる時間〔s〕}$$

例 音が100mを0.30秒で伝わった。音の速さは何m/sか。

音の速さ＝100m÷0.30s＝333.3…m/s　　答 333m/s

覚えると得
音源（発音体）
音を出すものを音源または**発音体**という。

重要 テストに出る
●真空中では音は伝わらない。

ミスに注意
風は空気の流れ，音は空気の振動。

覚えると得
音の速さ
気温によって変化する。また，気体よりも，液体や固体のほうが音を速く伝える。

音が伝わる距離〔m〕
＝音の速さ〔m/s〕
×伝わる時間〔s〕
sはsecond（秒）のこと。m/sはメートル毎秒と読む。

基本チェック

左の「学習の要点」を見て答えましょう。

学習日　　月　　日

① 音の伝わり方について，次の文の〔　〕にあてはまることばを書きなさい。

チェック P.78❶

・音を出すものを〔①　　　〕または〔②　　　〕という。
・音は，音源の〔③　　　〕によって生じる。
・音源が振動するとき，そのまわりの空気そのものは移動〔④　　　〕。
・真空中では，音を〔⑤　　　〕物質がないので，音は〔⑥　　　〕。
・空気のような〔⑦　　　〕以外に，水のような〔⑧　　　〕や金属のような〔⑨　　　〕の中も音は伝わる。

② 音の速さについて，次の文の〔　〕にあてはまることばや数字を書きなさい。

チェック P.78❷

・音が空気中を伝わる速さは，1秒間に約〔①　　　〕mである。
・音の速さの求め方

音の速さ〔m/s〕＝ 〔②　　　〕/〔③　　　〕

・上の式を変形すると,音が伝わる距離や,音が伝わる時間を求めることができる。

音が伝わる距離〔m〕＝〔④　　　〕×〔⑤　　　〕

音が伝わる時間〔s〕＝ 〔⑥　　　〕/〔⑦　　　〕

・光はほぼ瞬間的に伝わるが，音の速さは光に比べると，はるかにおそい。この差を利用して，音が伝わる距離を，計算で求めることができる。

いなずまが光ってから5秒後に，雷鳴(らいめい)（かみなりの音）が聞こえた。いなずま（光）は，かみなりの発生と同時に見えたと考えてよいので，雷鳴は発生から〔⑧　　　〕秒かかって，観測地点まで届いたことになる。音が空気中を伝わる速さは約〔⑨　　　〕m/sなので，かみなりが発生したところから観測地点までの距離は，

⑨m/s×〔⑩　　　〕s＝〔⑪　　　〕mであることがわかる。

7章 音の世界－2

3 音の大きさ

① **振動数**（しんどうすう）　1秒間に振動する回数。
　→単位はヘルツ（Hz）。

② **振幅**（しんぷく）　音源の振動の振れ幅。

③ **音の大きさ**　振幅の大きさによって決まる。

●小さい音…弦などを弱くはじく。➡振幅が小さい。

●大きい音…弦などを強くはじく。➡振幅が大きい。

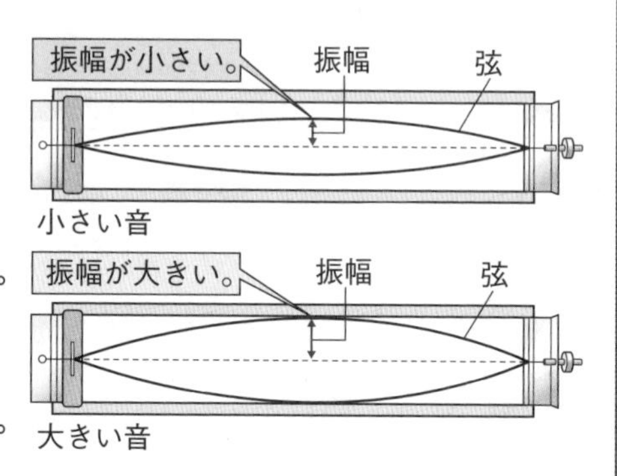

4 音の高さ

① **音の高さ**　振動数の多少によって決まる。

●低い音…振動数が少ない。

●高い音…振動数が多い。

② **ギターやモノコードの弦の振動と音の高さ**　音の高さは，弦の長さや太さ，弦を張る強さによって変わる。

	弦の長さ		弦の太さ		弦を張る強さ	
	長い	短い	太い	細い	弱い	強い
音の高さ	低い	高い	低い	高い	低い	高い

③ **オシロスコープで調べた音**
　→音の高低，大小を波の形で表す装置。

●音の大きさ…波の高さが高い→振幅が大きい→大きい音

●音の高さ…波の個数が多い→振動数が多い→高い音

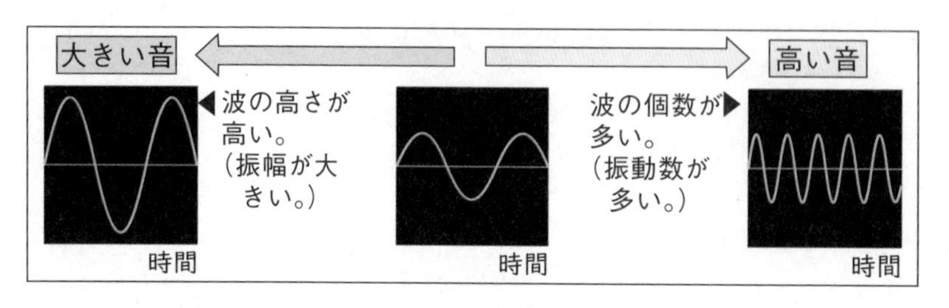

ミスに注意

振幅…下の図のように考えないこと。

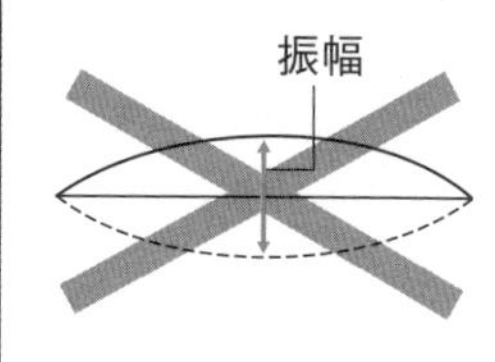

覚えると得

管楽器では，管の長さを変えると，管内の空気の振動数が変わり，音の高低が変わる。管の長さが短いほど，振動数は多く，音は高い。

重要 テストに出る

●振幅が大きいほど，音は大きい。

●振動数が多いほど，音は高い。

基本チェック

左の「学習の要点」を見て答えましょう。

学習日　月　日

③ 音の大きさについて，次の問いに答えなさい。

チェック P.80③

(1) 次の文の〔　〕にあてはまることばを書きなさい。

・音は，音源が〔①　　〕して出る。

・音源が1秒間に①する回数を〔②　　〕という。

・音の大きさは，〔③　　〕の大きさによって決まる。

・弦を弱くはじくと，③は〔④　　〕，音の大きさは〔⑤　　〕。
　弦を強くはじくと，③は〔⑥　　〕，音の大きさは〔⑦　　〕。

(2) 右の図の〔　〕にあてはまることばを書きなさい。

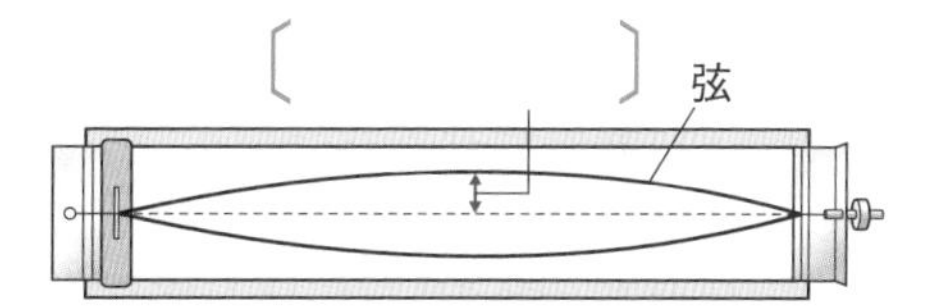

④ 音の高さについて，次の問いに答えなさい。

チェック P.80④

(1) 次の文の〔　〕や表にあてはまることばを書きなさい。

・音の高さは，〔①　　〕の多少によって決まる。①が少ないほど，音は〔②　　〕。①が多いほど，音は〔③　　〕。

・ギターやモノコードの弦の長さや太さ，弦を張る強さと，音の高さの関係

弦の長さ	音の高さ	弦の太さ	音の高さ	弦を張る強さ	音の高さ
長い	④	太い	⑥	強い	⑧
短い	⑤	細い	⑦	弱い	⑨

・オシロスコープでは，音の大きさは波の〔⑩　　〕で，音の高さは波の〔⑪　　〕で表される。

(2) オシロスコープで調べた音について，次の図の〔　〕にあてはまることばを書きなさい。

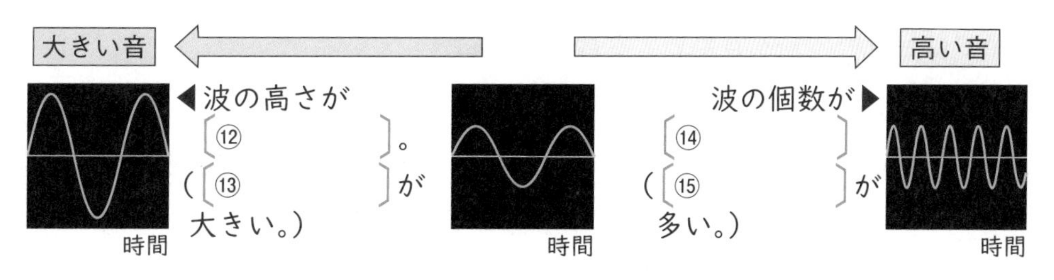

7章 音の世界

1 スピーカー（音源）から音が聞こえてきた。このとき，音はどのようにして耳まで届いたのか。次のア，イから選び，記号で答えなさい。チェック P.78❶（7点）

〔　　〕

ア　音源の振動（しんどう）が音源のまわりの空気を動かしておし，その空気が耳まで移動してきた。

イ　音源の振動によって音源のまわりの空気も振動し，その振動が耳まで伝わってきた。

2 Aさんは，いなずまが光るのが見えてから，3秒後にかみなりの音を聞いた。次の問いに答えなさい。ただし，光はほぼ瞬間的（しゅんかんてき）に伝わり，音は空気中を秒速340mの速さで伝わるものとする。チェック P.78❷（各7点×3　21点）

(1)　Aさんから，かみなりが発生したところまでの距離（きょり）を求める式と答えを書きなさい。

式〔　　　　〕　答え〔　　　　〕

(2)　かみなりが発生したところから1.7km離（はな）れた別の場所で，同じいなずまが光るのが見えてから，音が聞こえるまでにかかる時間は何秒か。〔　　〕

3 Bさんが声を出してから2秒後に，山びこが聞こえてきた。次の問いに答えなさい。ただし，音は空気中を秒速340mの速さで伝わるものとする。

チェック P.78❷（各6点×5　30点）

(1)　山びことは何か。次のア～ウから正しいものを選び，記号で答えなさい。

ア　人が山で出したときの声。　イ　山が出す音。〔　　〕

ウ　山に反射してもどってくる音。

(2)　Bさんが声を出してから，山びこが聞こえてくるまでの2秒間に，音が伝わった距離は何mか。式と答えを書きなさい。

式〔　　　　〕　答え〔　　　　〕

(3)　(2)をもとに，Bさんから山までの距離を求める式と答えを書きなさい。

式〔　　　　〕　答え〔　　　　〕

学習日　月　日　得点　点

4 右の図は，弦(げん)を強くはじいたときと弱くはじいたときの振動のようすを示している。次の問いに答えなさい。 チェック P.80③ (各7点×3　21点)

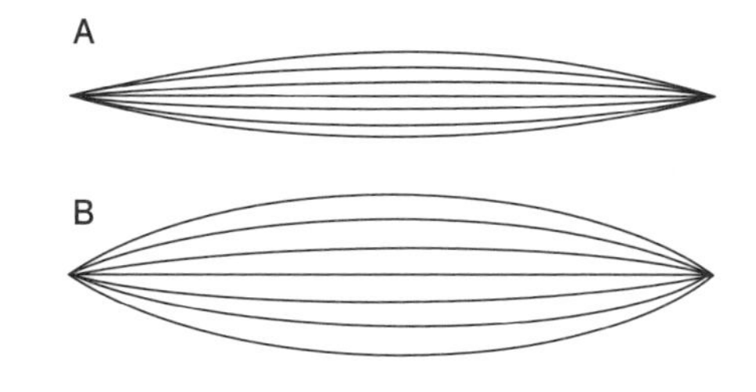

(1) 弦を強くはじいたときの振動のようすを示しているのは，右の図のA，Bのどちらか。記号で答えなさい。〔　　〕

(2) 大きな音が出ているのは，A，Bのどちらか。記号で答えなさい。〔　　〕

(3) 音と振動の関係について，正しく述べているものを，次のア～ウから選び，記号で答えなさい。〔　　〕

ア　音が出ている物体は振動している。　イ　振動が止まっても音は出続ける。

ウ　弦以外の物体を振動させても音は出ない。

5 弦をはじいたときの音の高さは，弦が短いほど，弦が細いほど高くなる。次の問いに答えなさい。 チェック P.80④ (各7点×3　21点)

(1) 右の図のように，同じ太さの弦を張り，同じ重さのおもりをつるして，矢印のところをはじいた。高い音が出るのは，A，Bのどちらか。記号で答えなさい。〔　　〕

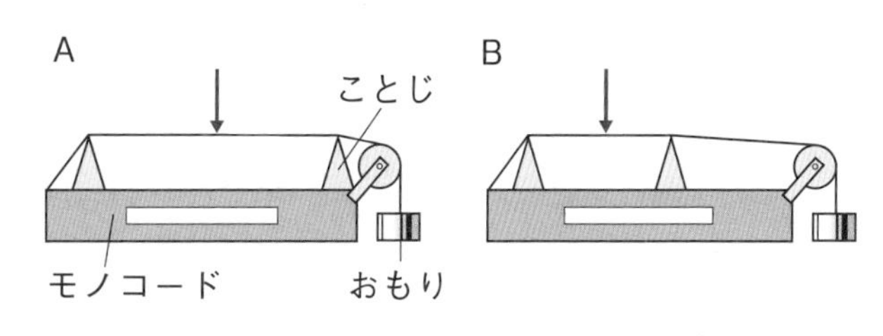

(2) 下の図のように，矢印のところをはじいた。①，②の問いに答えなさい。ただし，AとCの弦の太さは同じで，おもり1個の重さはすべて同じものとする。

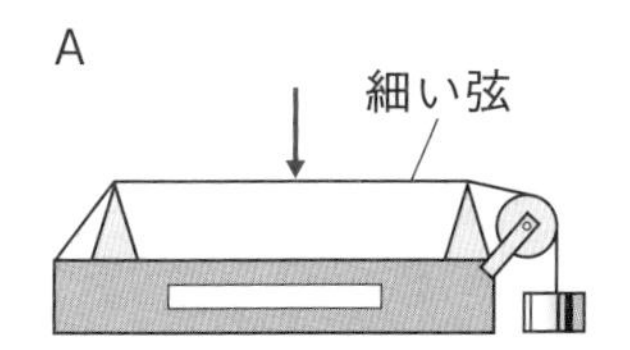

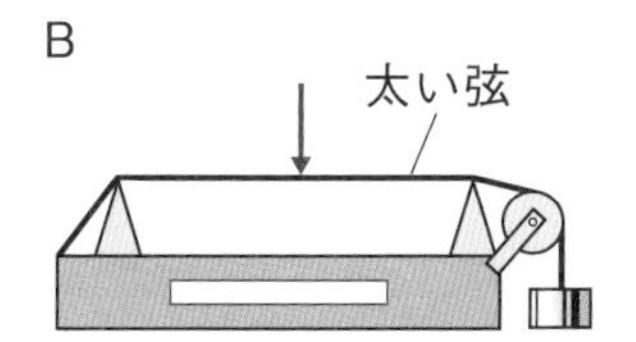

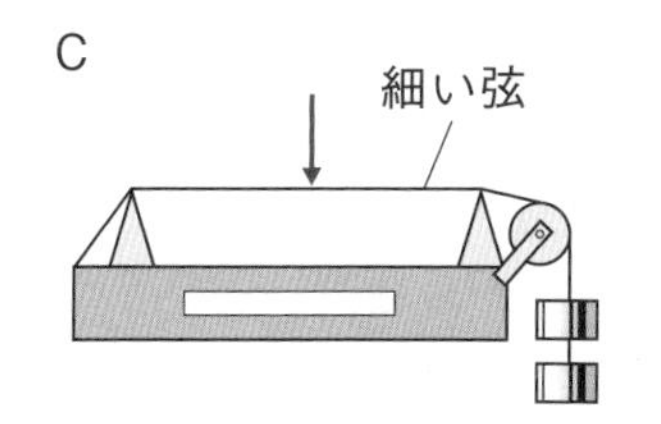

① AとBでは，どちらが高い音が出るか。記号で答えなさい。〔　　〕

② AとCでは，どちらが高い音が出るか。記号で答えなさい。〔　　〕

練習ドリル

単元3 光と音

7章 音の世界

1 右の図のようにすると，小さな声で話しても，声が聞こえる。次の問いに答えなさい。 (各10点×3 30点)

(1) 右の図で，声を伝えているものは何か。下の{　　}の中から最も適当なものを選んで書きなさい。

〔　　　　〕

{ プラスチックびん　ゴムホース　ゴムホースの中の空気 }

(2) 右の図のように，ゴムホースの途中(とちゅう)を強くにぎりしめると，声の聞こえ方はどうなるか。

〔　　　　〕

(3) (2)で答えた理由を簡単に書きなさい。

〔　　　　〕

2 右の図のように，A点でピストルをうち，B点でピストルのけむりを見たらストップウォッチをスタートさせ，ピストルの音が聞こえたらストップさせたところ，けむりを見てから音が聞こえるまでに0.45秒かかった。A点からB点までの距離(きょり)を150mとして，次の問いに答えなさい。

(各9点×2 18点)

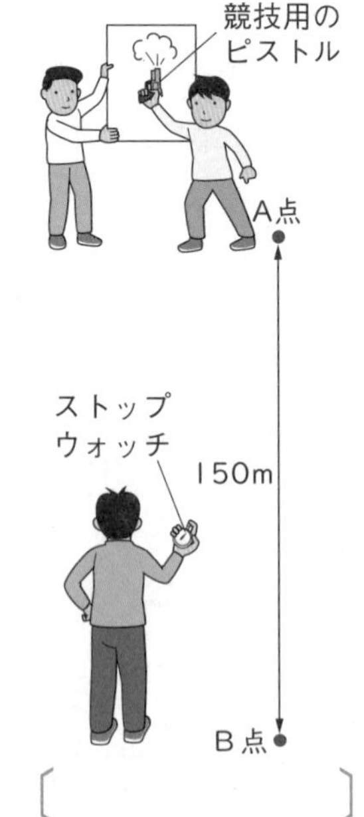

(1) 音の速さはどのようにして求めるか。音の速さ，伝わる距離，伝わる時間を使って式に表しなさい。

〔　　　　〕

(2) この実験で音が伝わる速さは何m/sか。小数第1位を四捨五入して求めなさい。

〔　　　　〕

1 図のような装置を伝声管という。伝声管は，聴診器(ちょうしんき)などに使われている。

(2), (3)ゴムホースを強くにぎりしめることは，音を伝えるものの振動をさえぎることである。

学習日　　月　　日　得点　　点

3 右の図のように，音が出ているおんさの先を水にふれさせたときの水面のようすを調べた。次の問いに答えなさい。　(各10点×2　20点)

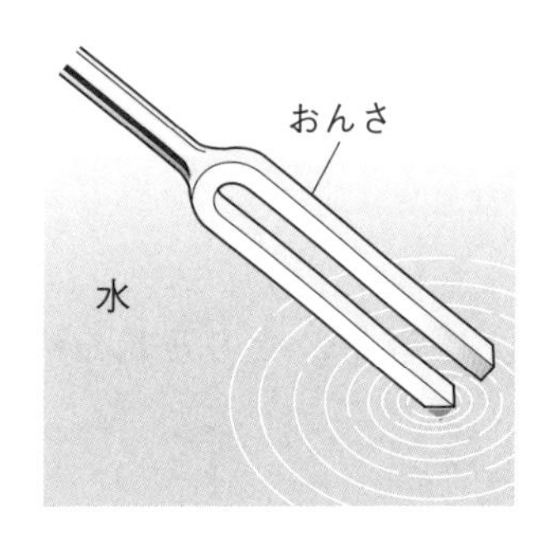

(1) 音が出ていることから，おんさはどのようになっているか。

〔　　　　　　　　　　〕

(2) おんさの(1)が水面を次々と伝わるように，音は音源から何として広がりながら伝わっていくか。〔　　　　〕

4 下の図は，オシロスコープ（音の高低，大小を波の形で表す装置）で，AとBの音を調べたときのようすを示している。高い音は，一定時間内に多く振動（しんどう）する。次の問いに答えなさい。　(各８点×４　32点)

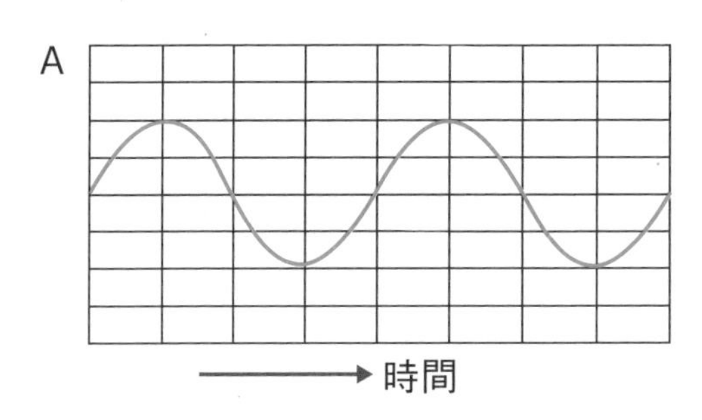

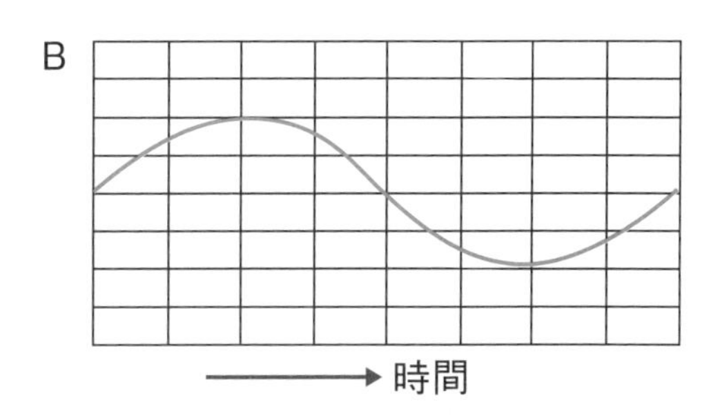

(1) １秒間に振動する回数を振動数という。振動数の単位（記号）は何か。

〔　　　　〕

(2) AとBで，振動数が多いのはどちらか。記号で答えなさい。〔　　〕

(3) 高い音が出ているのは，A，Bのどちらか。記号で答えなさい。〔　　〕

(4) 次の文の〔　　〕にあてはまることばを書きなさい。

高い音は低い音に比べて〔　　　　　〕が多い。

得点UPコーチ

3 (1)目で見ただけではよくわからなくても，水にふれさせると，振動のようすがわかる。

4 (2)一定時間内に多く振動することは，振動数が多いことを示す。波の個数が多いほど，振動数が多い。

7章 音の世界

1 右の図のように，ベルを入れた容器の中の空気をぬいていった。次の問いに答えなさい。

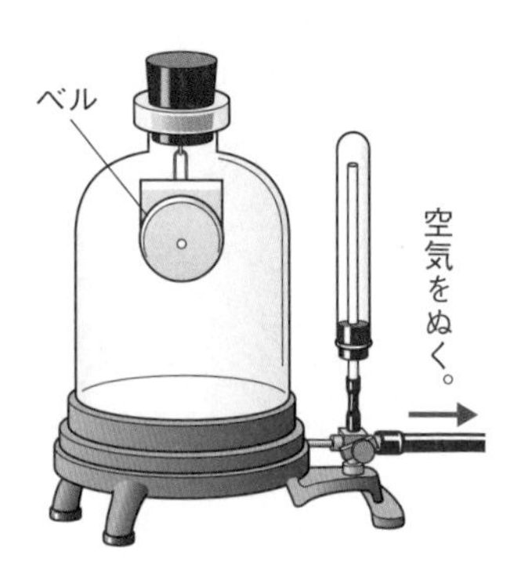

（各7点×2　14点）

(1) 容器の中の空気をぬいていくと，ベルの音の大きさはどのように変わっていくか。

〔　　　　　　　　　　　〕

(2) (1)で答えた理由を簡単に書きなさい。

〔　　　　　　　　　　　〕

2 右の図のように，同じ高さの音が出る2つのおんさを並べて，Aのおんさをたたいて鳴らすと，Bのおんさが鳴り始める。これは，空気が振動（しんどう）を伝えているからである。次の問いに答えなさい。　（各8点×4　32点）

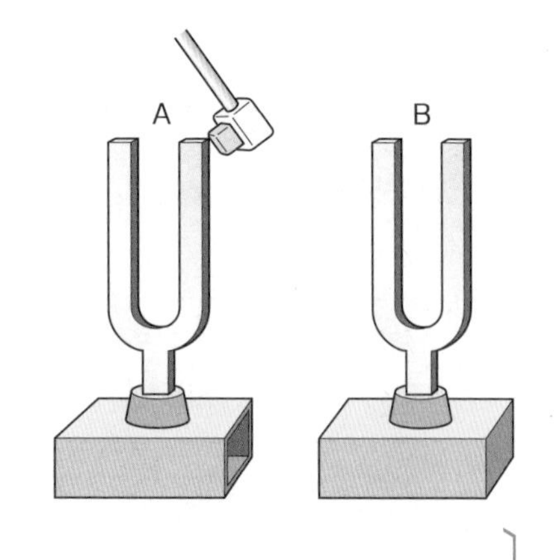

(1) Aのおんさをたたくと，Aのおんさから音が出た。このとき，Aのおんさはどのようになっているか。〔　　　　　　　　　　　〕

(2) Bのおんさが鳴り始めた。このとき，Bのおんさはどのようになっているか。

〔　　　　　　　　　　　〕

(3) 次の文の〔　　〕にあてはまることばを書きなさい。

音を出しているAのおんさの〔　　　　　　〕が，空気を伝わってBのおんさに届くと，Bのおんさが鳴り始める。

(4) 図のA，Bのおんさの間に板を入れて，同じ実験をすると，Bのおんさの音はどうなるか。〔　　　　　　　　　　　〕

1 音は伝える物質がないと伝わらない。

2 (1)，(2)音は振動することで生じる。

(3)振動が届かないと，Bのおんさは鳴り始めない。

(4)空気の振動が途中（とちゅう）でさえぎられると，その先に伝わっていかなくなる。

学習日　　月　　日　得点　　点

3 右の図のように，ものさしを机から少しはみ出させて，指ではじいて，音の大きさと振幅(しんぷく)の関係を調べた。次の問いに答えなさい。

(各6点×4　24点)

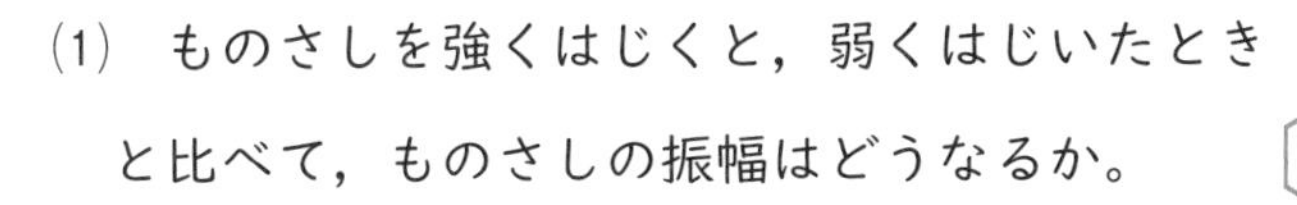

(1) ものさしを強くはじくと，弱くはじいたときと比べて，ものさしの振幅はどうなるか。〔　　　　〕

(2) 大きい音が出るときと，小さい音が出るときでは，振幅が大きいのはどちらのときか。〔　　　　〕

(3) ものさしをはじいた後，時間がたつにつれて，振幅はどのように変化するか。〔　　　　〕

(4) 次の文の〔　〕にあてはまることばを書きなさい。

音が大きいほど，振幅は〔　　　　〕なる。

4 右の図のように，3本の弦(げん)をつけて，矢印のところを同じ強さではじいた。ただし，A～Cの弦の太さとおもり1個の重さはすべて同じである。次の問いに答えなさい。

(各6点×5　30点)

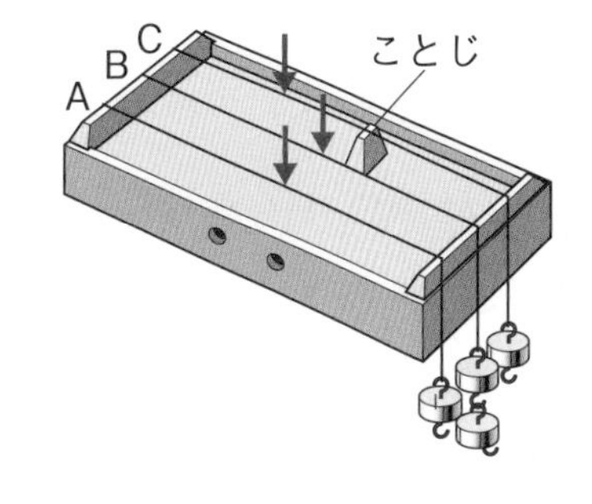

(1) AとBで，振動数が多いのはどちらか。記号で答えなさい。〔　　〕

(2) AとBで，高い音が出るのはどちらか。記号で答えなさい。〔　　〕

(3) AとCで，高い音が出るのはどちらか。記号で答えなさい。〔　　〕

(4) この実験から，弦をはじいたときの音の高さは，どんな条件によって変わることがわかるか。2つ書きなさい。

〔　　　　〕

〔　　　　〕

3 (1)，(2)強くはじくと，大きい音が出て，振幅が大きい。 (3)はじいた後は，音がだんだん小さくなっていく。

4 (1)弦を張る強さが強いほど，振動数は多くなる。 (3)AとCでは，振動する弦の長さがちがう。

まとめのドリル

単元3

光と音

1

右の図は，空気中から水中に進む光の進み方を示している。次の問いに答えなさい。

（各５点×６　30点）

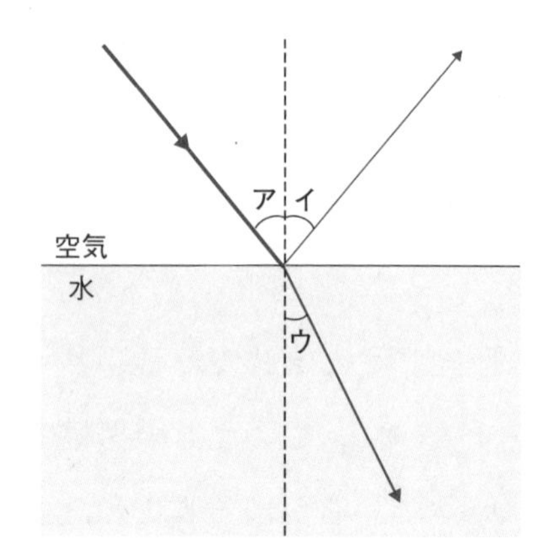

⑴　図のア～ウの角を何というか。

⑵　ア～ウの角で，大きさが等しいのはどれとどれか。

〔　　と　　〕

⑶　⑵で答えた角が等しくなることを，何の法則というか。

〔　　〕

⑷　空気中から水中に光が進むとき，入射角と屈折角では，どちらが大きいか。

〔　　〕

2

右の図のように物体を置くと，スクリーンに物体と同じ大きさの像がはっきりうつった。次の問いに答えなさい。　（各８点×３　24点）

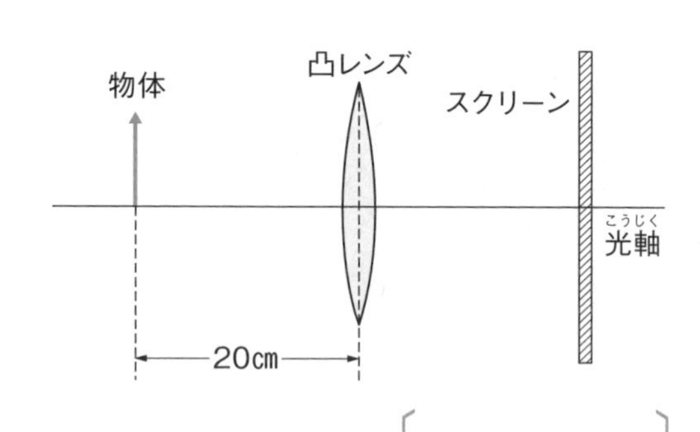

⑴　この凸レンズの焦点距離は何cmか。

〔　　〕

⑵　スクリーンは，凸レンズの右側何cmの位置に置いたか。

〔　　〕

⑶　スクリーンにうつった像は，実像，虚像のどちらか。

〔　　〕

1 ⑵入射角と反射角が等しい。
⑷光は空気中から水中に進んでいる。

2 ⑴スクリーンに物体と同じ大きさの像ができるのは，物体を焦点距離の２倍の位置に置いたときである。⑶実際に光が集まってできた像である。

学習日　　月　　日　得点　　点

3 右の図のように，簡易真空ポンプを使って，フラスコの中の空気を少しずつぬきながら，鈴(すず)の音を聞いてみた。次の問いに答えなさい。　(各８点×２　16点)

弁　簡易真空ポンプ　鈴　丸底フラスコ

(1)　空気をぬいていくと，鈴の音の聞こえ方がどう変わるか。　〔　　　　〕

(2)　空気がないところ(真空中)では，音は伝わるか。　〔　　　　〕

4 Ａさんが山に向かって声を出すと，４秒後に山びこが聞こえた。Ａさんからこの山までの距離は何mか答えなさい。ただし，音は空気中を秒速340mの速さで伝わるものとする。　(10点)

〔　　　　〕

5 右の図は，オシロスコープで調べた３つの音のようすを示している。次の問いに答えなさい。　(各５点×４　20点)

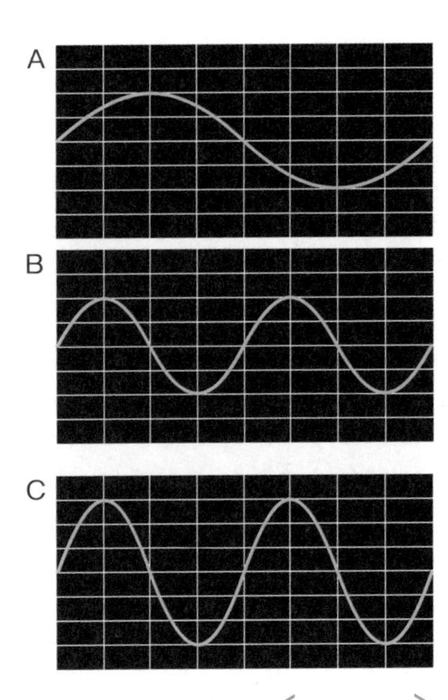

(1)　ＡとＢ，ＢとＣでは，それぞれ何がちがうか。下の{　　}の中から選んで書きなさい。

ＡとＢ〔　　　　〕
ＢとＣ〔　　　　〕

{　振動数(しんどうすう)　　振幅(しんぷく)　}

(2)　音が最も大きいのは，Ａ～Ｃのどれか。記号で答えなさい。　〔　　〕

(3)　音が最も低いのは，Ａ～Ｃのどれか。記号で答えなさい。　〔　　〕

3 (2)音を伝える物質がないところでは，音は伝わらない。

5 波の高さが高いほど音が大きく，波の個数が多いほど音が高い。(1)波の高さは振幅を示し，波の個数が振動数の目安になる。

定期テスト対策問題(5)

1 光の進み方を調べるために，半円形レンズを使って，下の実験を行った。これについて，次の問いに答えなさい。 (各6点×6　36点)

〔**実験**〕右の図のように，記録用紙の中心に半円形レンズの中心を合わせて置き，矢印のように，レンズに光を当てて光の進み方を調べた。

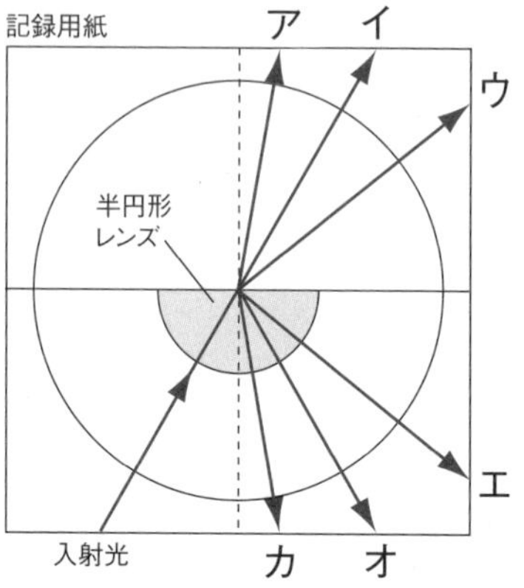

(1) 図の矢印の入射光に対して，屈折光の道筋と，反射光の道筋を，それぞれ図中のア～カから選び，記号で答えなさい。

屈折光〔　　〕 反射光〔　　〕

(2) 入射角が30°であるとき，反射角は何度になるか。 〔　　〕

(3) 光がレンズから空気中に進むときの入射角と屈折角の大きさの関係はどのようになるか。右の〔　〕に等号または不等号を書きなさい。 入射角〔　　〕屈折角

(4) 入射角がある角度以上になると，屈折光と反射光のどちらかがなくなる。なくなるのはどちらか。 〔　　〕

(5) (4)のような現象を何というか。 〔　　〕

2 Aさんは，花火が光るのを見てから，3.0秒後にその音を聞いた。Aさんから花火までの距離は1020mで，光はほぼ瞬間的に伝わるものとして，次の問いに答えなさい。 (各6点×4　24点)

(1) 音は秒速何mの速さで伝わったか。 〔　　〕

(2) 花火の音の振動が，次々と何に伝わってAさんの耳に届いたか。 〔　　〕

(3) 音の振動は気体だけでなく，固体や液体によっても伝わるか。 〔　　〕

(4) かみなりのいなずまが見えてから，5秒後にその音が聞こえた。音の速さが(1)と同じとき，かみなりが発生したところまでの距離は何kmか。 〔　　〕

3 右の図のように，凸(とつ)レンズを用いて，物体の像をスクリーン上に結ばせた。次の問いに答えなさい。

（各５点×４　**20**点）

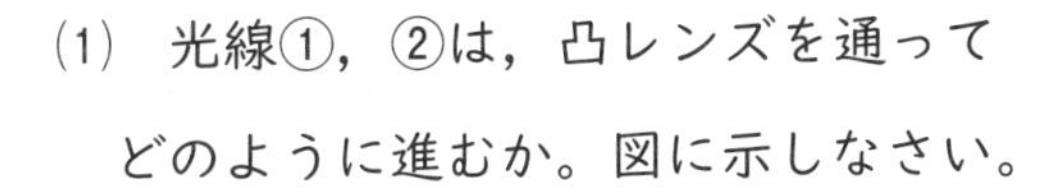

(1)　光線①，②は，凸レンズを通ってどのように進むか。図に示しなさい。

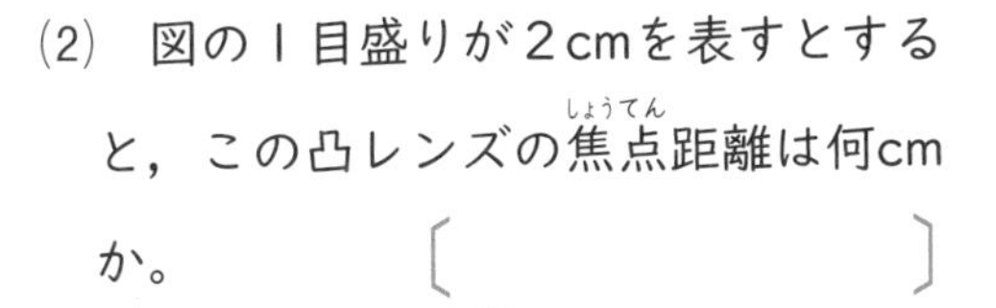

(2)　図の１目盛りが２cmを表すとすると，この凸レンズの焦点(しょうてん)距離は何cmか。　〔　　　　　〕

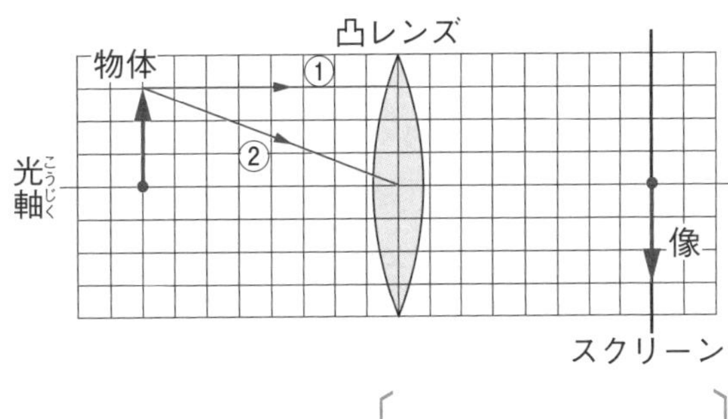

(3)　像は実像，虚像(きょぞう)のどちらか。　〔　　　　　〕

(4)　物体を図の位置より4cm凸レンズに近づけると，できる像の大きさはどうなるか。

〔　　　　　〕

4 モノコードやおんさを用いて，音について調べた。次の問いに答えなさい。

（各５点×４　**20**点）

(1)　モノコードの弦(げん)の長さと太さを変えて，同じ強さで弦をはじいて音の高さのちがいを調べた。より低い音を出すには，弦の長さや太さはどうすればよいか。

長さ〔　　　　　〕

太さ〔　　　　　〕

(2)　おんさAをたたいて，おんさAの振動のようすをオシロスコープで調べると，右の図のようになった。次の①，②の場合について，振動のようすはどうなるか。ア～エから選び，記号で答えなさい。

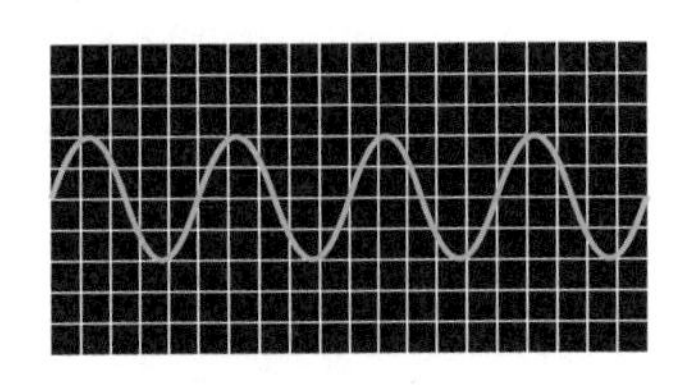

①　おんさAをより弱くたたいた。　〔　　　〕

②　別のおんさBを同じ強さでたたくと，Aより低い音が聞こえた。　〔　　　〕

ア

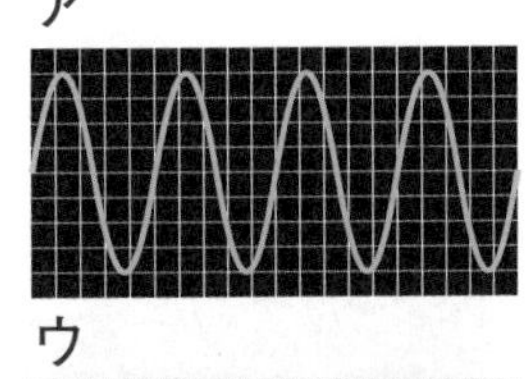

イ

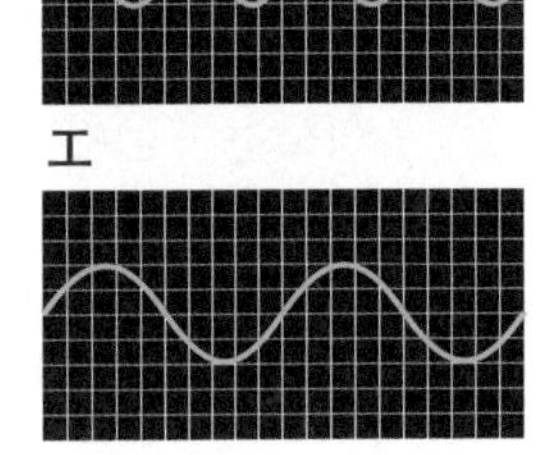

ウ

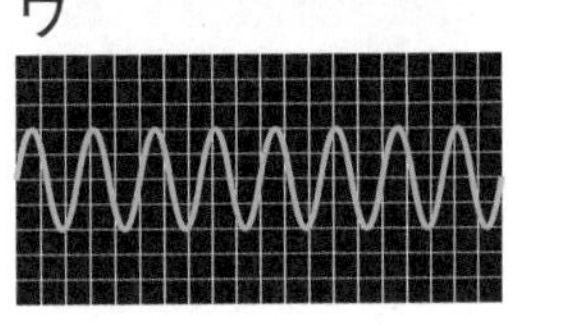

エ

定期テスト対策問題(6)

❶ ろうそくを凸レンズの左12cm，スクリーンを凸レンズの右24cmのところに置いたところ，はっきりしたろうそくの像がスクリーン上にできた。図は，この実験の結果を，１目盛りが２cmの方眼紙に作成しているところである。次の問いに答えなさい。

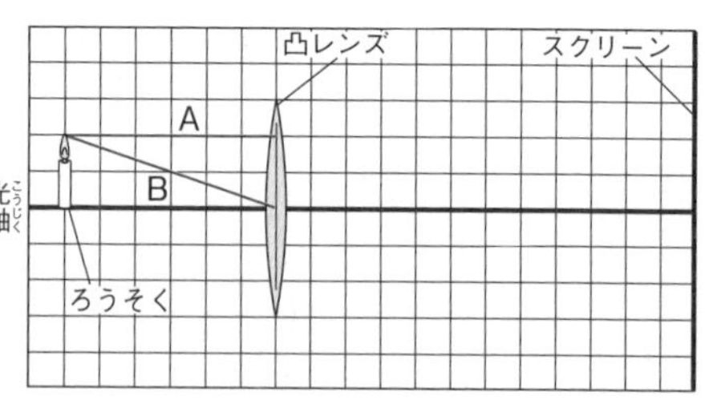

（各10点×３　30点）

(1)　ろうそくの先端から出た光線Ａ，Ｂが，凸レンズを通った後，スクリーンに達するまでの道筋と，スクリーン上にできた像をかきなさい。

(2)　この凸レンズの焦点距離は何cmか。〔　　　　〕

(3)　ろうそくを焦点距離の半分の位置まで凸レンズに近づけたとき，スクリーンにうつる像はどうなるか。次のア～エから選び，記号で答えなさい。〔　　　　〕

ア　ろうそくより小さくなる。　　イ　ろうそくと同じ大きさになる。

ウ　ろうそくより大きくなる。　　エ　スクリーンにはうつらなくなる。

❷ 右の図のように，30°ごとに破線を引いた厚紙の上に，鏡を垂直に立てた。光源装置を用いて光をO点に当て，O点を中心に鏡を回転させて，入射角と反射角の関係を調べた。次の問いに答えなさい。

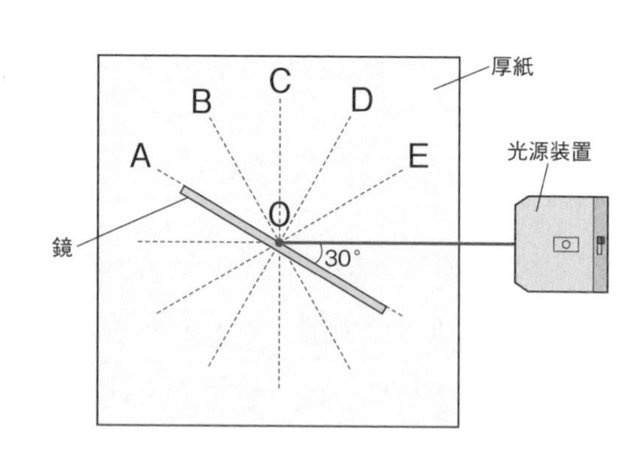

（各９点×４　36点）

(1)　図のように光を当てたとき，反射光はどの方向に進むか。図のＡ～Ｄから選び，記号で答えなさい。〔　　　　〕

(2)　(1)のときの反射角は何度か。〔　　　　〕

(3)　光源装置の位置はそのままで，光を図のＥの方向へ反射させるためには，鏡を図の位置から時計回りに何度回転させればよいか。〔　　　　〕

(4)　(3)のときの反射角は何度か。〔　　　　〕

3 打ち上げ花火を撮影(さつえい)したビデオの映像と音を利用して，花火の光が見えてから，花火の音が聞こえるまでの時間を測定したところ，結果は3.5秒だった。音の伝わる速さを340m/sとすると，花火が光って音が出た位置から，花火を撮影した位置までの距離は何kmか。小数第２位を四捨五入して答えなさい。（**7**点）

〔　　　　　　〕

4 紙コップに磁石とコイルをはりつけ，音を電気信号に変える装置を組み立てた。この装置を図１のように，コンピュータに接続し，おんさＰをたたいて，コンピュータに振動(しんどう)のようすを示させた。図２は，そのときに表示された振動のようすである。次の問いに答えなさい。（各９点×３ **27**点）

図１

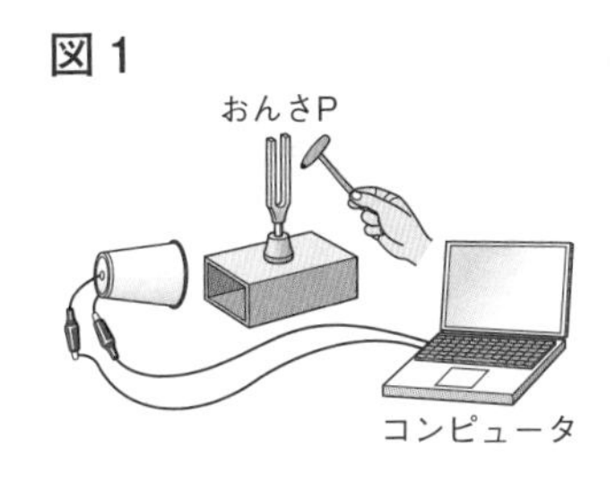

図２

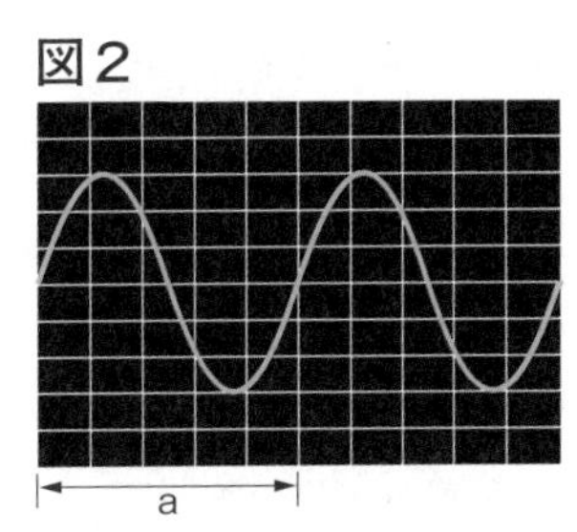

(1) この装置で，音を電気信号に変えることができるのはどうしてか。次のア～ウから選び，記号で答えなさい。〔　　〕

ア　音によって紙コップが振動するから。

イ　音の正体は電気だから。

ウ　紙コップが音をとめるから。

(2) おんさＰをたたく力を強くすると，**図２**の **a** の部分の幅(はば)はどうなるか。次のア～ウから選び，記号で答えなさい。〔　　〕

ア　大きくなる。

イ　小さくなる。

ウ　変わらない。

(3) **図２**の縦軸(たてじく)が振幅(しんぷく)，横軸が時間を表しているとすると，横軸の１目盛りが0.001秒であるとき，おんさPの振動数は何Hzか。〔　　　　　〕

復習 小学校で学習した「力」

1 ものの形と重さ

① **ものの形を変えたとき**　ものは，形を変えても重さは変わらない。

② **ものをいくつかに分けたとき**　ものをいくつかに分けても，全体の重さは変わらない。

2 てこ

① **てこ**　棒を支点（棒を支えているところ）で支え，力点（棒に力を加えているところ）に力を加え，作用点（棒がものにふれて力をはたらかせているところ）でものに力がはたらくようにしたしくみ。

② **てこの力点や作用点の位置と手ごたえ**

- **力点の位置を変える**…支点と作用点の位置を変えなければ，力点が支点から遠ざかるほど，てこの手ごたえは小さくなる。
- **作用点の位置を変える**…支点と力点の位置を変えなければ，作用点が支点に近づくほど，てこの手ごたえは小さくなる。

3 てこのつり合い

① **てこのうでをかたむけるはたらき**

実験用てこのうでをかたむけるはたらきは，「おもりの重さ×支点からの距離（きょり）」で表すことができ，支点の左右で，うでをかたむけるはたらきが等しいとき，てこはつり合う。

- てこが水平につり合っているときは，右の関係が成り立つ。

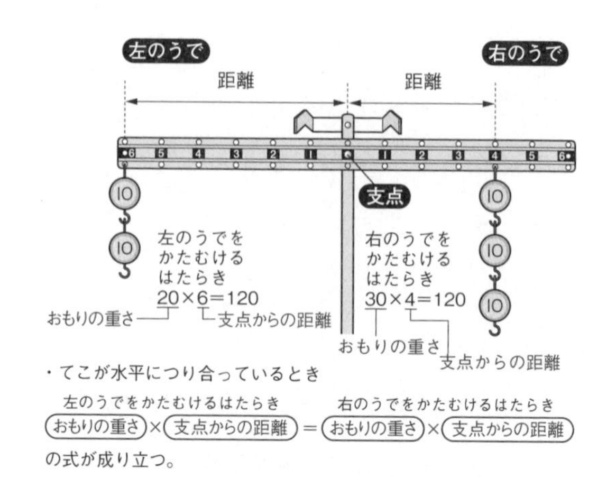

復習ドリル

1 右の図のように，ねん土の形を変えたり，いくつかに分けたりして，重さの変化を調べた。次の問いに答えなさい。

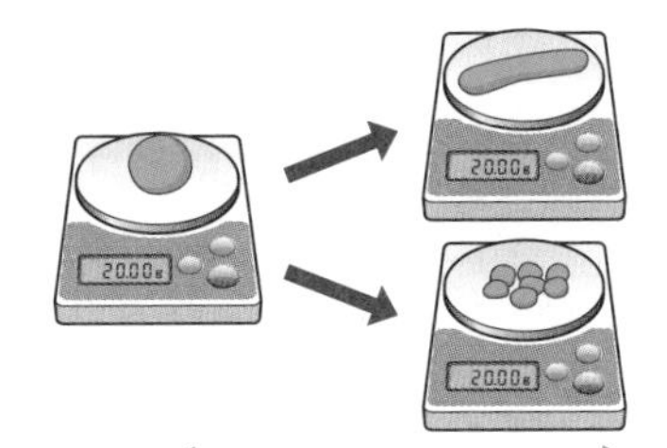

(1) 形を変えると，重さはどうなるか。〔　　　　〕

(2) いくつかに分けると，全体の重さはどうなるか。

〔　　　　〕

2 右の図のように，てこを使って荷物を持ち上げた。てこをおす手ごたえを小さくするためには，どうすればよいか。2つ書きなさい。ただし，支点の位置と荷物や棒の重さは変えないものとする。

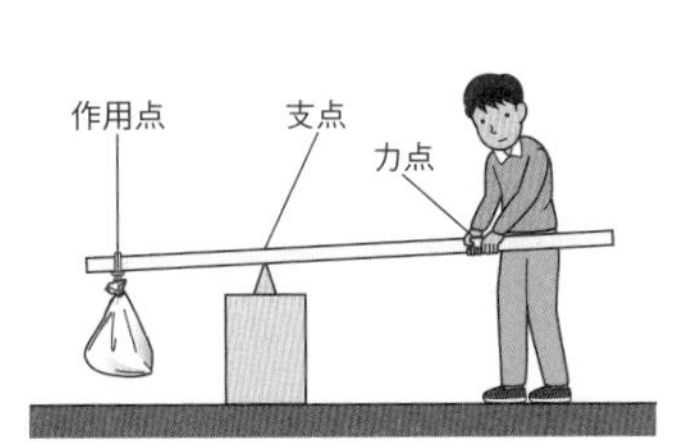

〔　　　　〕
〔　　　　〕

3 右の図のような実験用てこにおもりをつるし，左右のうでをつり合わせたい。次の問いに答えなさい。

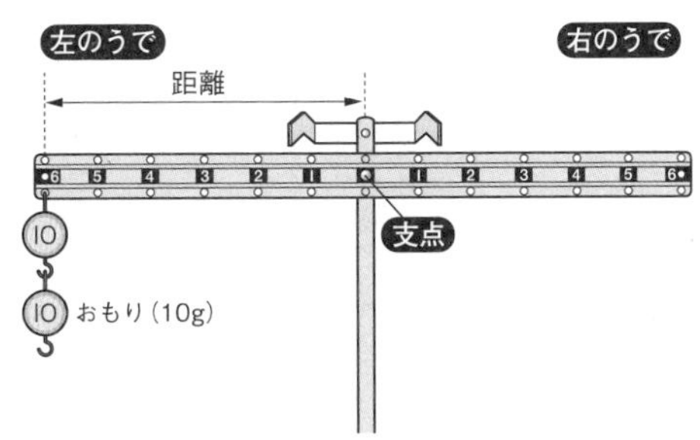

(1) 右のうでの2の位置におもりをつるすのであれば，何gのおもりをつるせばよいか。〔　　　　〕

(2) 右のうでに30gのおもりをつるすのであれば，支点からの距離が，いくつのところにおもりをつるせばよいか。

〔　　　　〕

思い出そう

◀形を変えたり，いくつかに分けたりしても，全体の重さは変わらない。

◀支点と作用点との間が近づくほど，支点と力点との間が遠ざかるほど，手ごたえは小さくなる。

◀左右のうでの「おもりの重さ×支点からの距離」の値が等しいとき，てこがつり合う。

8章 力－1

❶ 力のはたらき

① **物体の形を変える。** 例 ばねを引くとばねがのびる。

② **物体を支える。** 例 荷物を手で支える。

③ **物体の運動のようすを変える。** 例 石をけると，石が飛ぶ。

❷ いろいろな力

① **弾性の力（弾性力）** 力を加えて変形された物体がもとにもどろうとする性質を弾性といい，そのときの力を弾性の力という。

例 ばねやゴムをのばしたときに，もとにもどろうとする力

② **摩擦力** 物体のふれ合っている面と面の間ではたらく，物体の運動をさまたげる力。 例 自転車のブレーキ

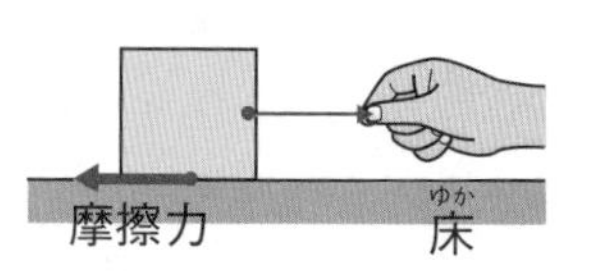

③ **重力** 地球がその中心に向かって物体を引く力。

●**重力のはたらく向き**…地球の中心方向。
↳この方向を鉛直方向という。

●**重力がはたらく物体**…地球上のすべての物体。
↳空を飛んでいる飛行機にもはたらく。

④ **電気の力（電気力）** こすった下じきに髪の毛などの物体が引き寄せられるときにはたらく力。

❸ 力の大きさと表し方

① **力の大きさの単位** ニュートン（N）が用いられる。1 Nは100 gの物体にはたらく重力の大きさにほぼ等しい。

② **力を表す3要素** 力の大きさ・力の向き・力のはたらく点（作用点）の３つの要素があり，矢印と点で力を表す。

③ **力の表し方**

●**力の大きさ**…矢印の長さで表す。

●**力の向き**…矢印の向きで表す。
↳力のはたらく方向を表す直線を作用線という。

●**作用点**…矢印の始点に「•」で表す。

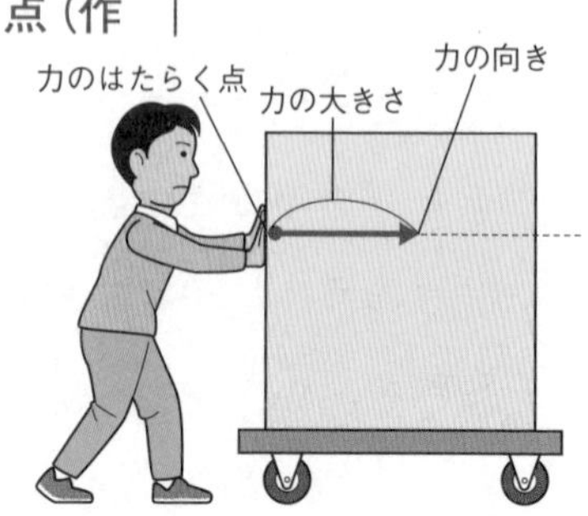

覚えると得

磁石の力（磁力）
鉄でできた物体を引きつける力。また，同じ極どうしはしりぞけ合う力，異なる極どうしは引き合う力がはたらく。

垂直抗力

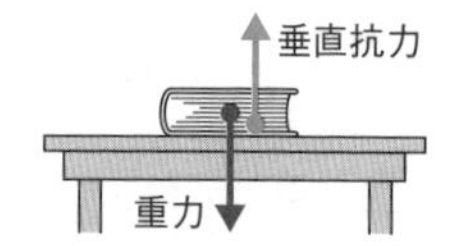

机の上に本を置いても，本が静止しているのは，机の面から本を垂直におし返す力がはたらいているからである。このように，物体が面をおすとき，物体にはたらく重力とつり合う上向きの力を垂直抗力という。

基本チェック 左の「学習の要点」を見て答えましょう。

学習日 月 日

1 力のはたらきについて，次の文の〔 〕にあてはまることばを書きなさい。

チェック P.96 1

・力には，「物体の〔① 〕を変える。」「物体を〔② 〕。」「物体の〔③ 〕のようすを変える。」という３つのはたらきがある。

2 いろいろな力について，次の文の〔 〕にあてはまることばを書きなさい。

チェック P.96 2

・ばねやゴムをのばすともとにもどろうとするように，力を加えられて変形した物体がもとにもどろうとする性質を〔① 〕という。

・物体のふれ合っている面と面の間ではたらく，物体の運動をさまたげる力を〔② 〕という。

・地球がその中心に向かって物体を引く力を〔③ 〕という。

3 力の大きさと表し方について，次の問いに答えなさい。

チェック P.96 3

(1) 次の文の〔 〕にあてはまることばを書きなさい。

・力の大きさを表す単位は〔① 〕（記号：N）である。1Nは，100gの物体にはたらく〔② 〕の大きさにほぼ等しい。

・力は，力の〔③ 〕・力の〔④ 〕・力の〔⑤ 〕（作用点）の３つの要素で表す。

・力は矢印と点で表すことができる。このとき，力の大きさは矢印の〔⑥ 〕で表し，力の向きは矢印の〔⑦ 〕で表し，力のはたらく点は矢印の〔⑧ 〕に「•」で表す。

(2) 右の図の〔 〕にあてはまることばを書きなさい。

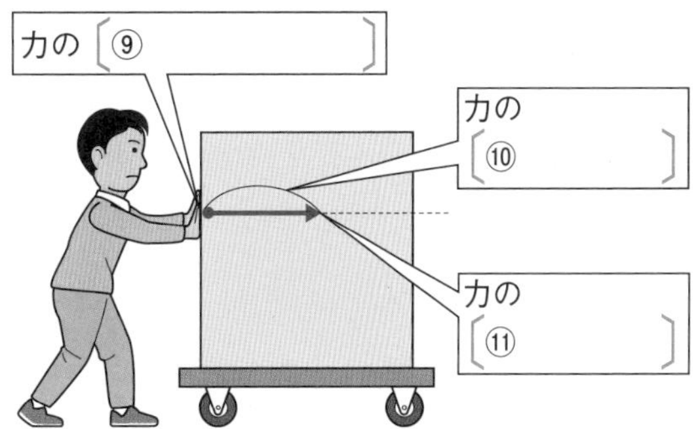

4 ばねののびと力

① **力の大きさとばねののびの関係**

ばねののびは加えた力の大きさに比例する。
（→フックの法則という。）

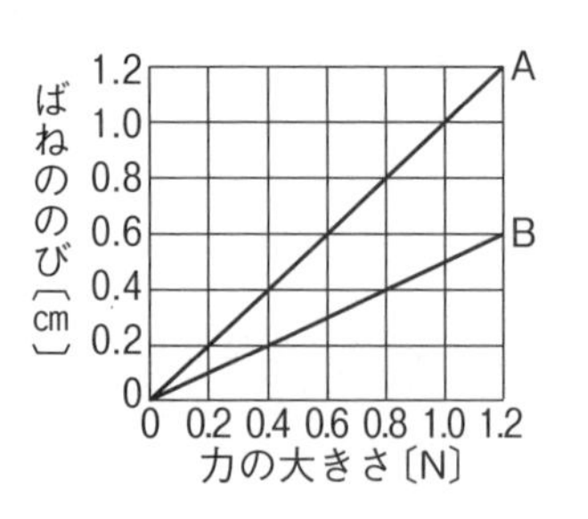

② **力の大きさの表し方**

手で引いたときのばねののびが，100 g のおもりをつるしたときののびと同じとき，手が引いた力の大きさは約１Nである。

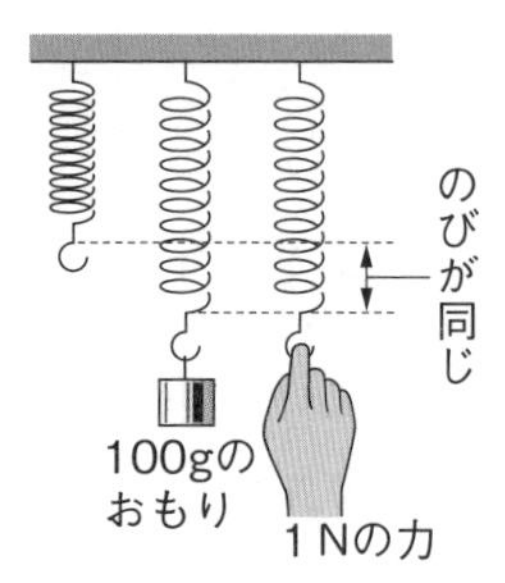

5 質量と重さ

① **質量**　物体そのものの量のこと。場所が変わっても変化しない。質量は，上皿てんびんではかることができる。

- **質量の単位**…g（グラム），kg（キログラム）

② **重さ**　物体にはたらく重力の大きさ。場所が変わると変化する。重さは，ばねばかりではかることができる。

- **重さの単位**…N（ニュートン）
（→力の大きさの単位と同じ。）
- **質量と重さの関係**…同じ場所であれば，物体の重さは質量に比例する。

6 2力のつり合い

① **力のつり合い**　１つの物体に２つ以上の力がはたらいていて物体が動かないとき，物体にはたらく力はつり合っている。

② **2力のつり合いの条件**

- ２力が同一直線上にある。
- ２力の向きが反対である。
- ２力の大きさが等しい。

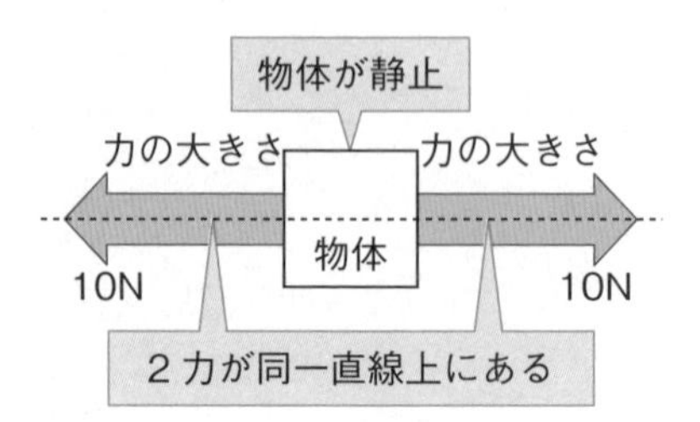

ミスに注意

重力の作用点

重力は物体全体にはたらいているが，作用点を物体の中心として，１本の矢印で表す。

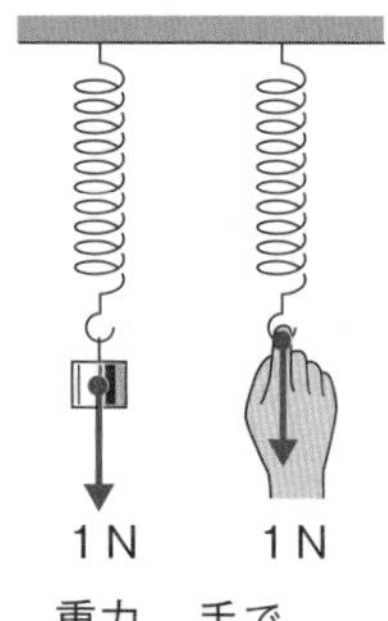

地球上と月面上の質量と重さ

地球上でも月面上でも質量は変わらないが，月面上では重力が地球上の約$\frac{1}{6}$になるため，重さも約$\frac{1}{6}$になる。

重要 テストに出る

- ばねののびは，加えた力の大きさに比例する。
- 同じ物体にはたらく重力の大きさが変わると，重さは変化するが，質量は変化しない。

基本チェック

左の「学習の要点」を見て答えましょう。

学習日　　月　　日

4 ばねののびと力について，次の文の〔　〕にあてはまることばや数字を書きなさい。

チェック P.98④

・ばねののびは，加えた力の大きさに〔①　　　〕する。これを〔②　　　〕の法則という。

・1Nの重力がはたらく物体をばねにつるしたときのばねののびと，手で〔③　　　〕Nの力で引いたときのばねののびは等しい。

5 質量と重さについて，次の文の〔　〕にあてはまることばを書きなさい。

チェック P.98⑤

・物体そのものの量を〔①　　　〕といい，場所が変わっても変化〔②　　　〕。

・①の単位には，〔③　　　〕（記号：〔④　　　〕）や〔⑤　　　〕（記号：〔⑥　　　〕）などを用いる。

・物体にはたらく重力の大きさを〔⑦　　　〕という。⑦は場所が変わると変化〔⑧　　　〕。

・⑦の単位には〔⑨　　　〕（記号：〔⑩　　　〕）を用いる。

・上皿てんびんではかることができるのは〔⑪　　　〕で，ばねばかりではかることができるのは〔⑫　　　〕である。

・同じ場所であれば，物体の重さは〔⑬　　　〕に比例する。

・物体にはたらく重力の大きさが変わると，〔⑭　　　〕は変化するが，〔⑮　　　〕は変化しない。

6 2力のつり合いについて，次の文の〔　〕にあてはまることばを書きなさい。

チェック P.98⑥

(1)　1つの物体に2つ以上の力がはたらいていて物体が動かないとき，物体にはたらく力は〔　　　〕という。

(2)　2力のつり合いの条件

・2力が〔①　　　〕直線上にある。

・2力の向きが〔②　　　〕である。

・2力の大きさが〔③　　　〕。

8章 力

1 地球上のすべての物体は，地球の中心に向かって引っ張られている。次の問いに答えなさい。

チェック P.96② (各6点×3 18点)

(1) Aさんがリンゴを持って立っている。Aさんが手をはなすと，リンゴはどうなるか。

[　　　　]

(2) (1)のようになるのは，リンゴに何という力がはたらいているからか。

[　　　　]

(3) (2)で答えた力は，Aさんがリンゴを持っているときにも，はたらいているか。

[　　　　]

2 右の図は，台車を指でおすときの力のようすを，矢印で表したものである。力の向き，力の大きさ，作用点を表しているのは，図のA，B，Cのどれか。

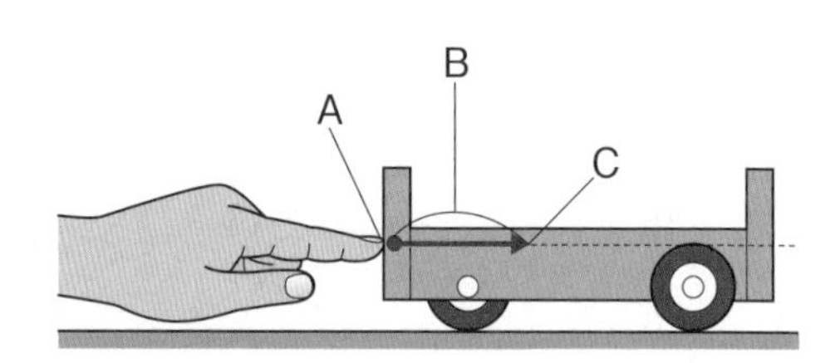

チェック P.96③ (各6点×3 18点)

力の向き[　　] 力の大きさ[　　] 作用点[　　]

3 長さ15cmのばねに，30gのおもりをつるすと，長さが18cmになった。100gの物体にはたらく重力の大きさを1Nとして，次の問いに答えなさい。

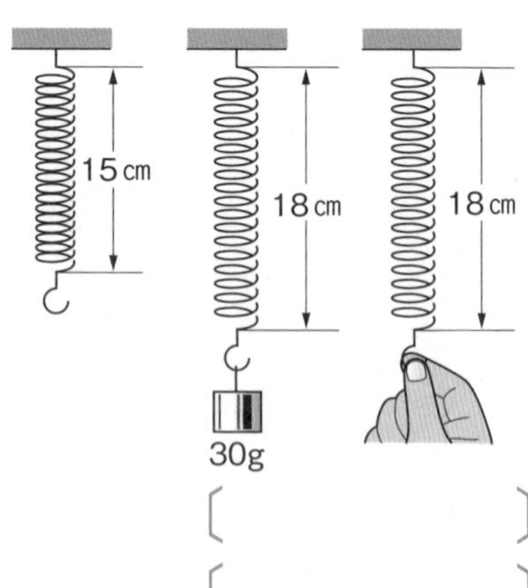

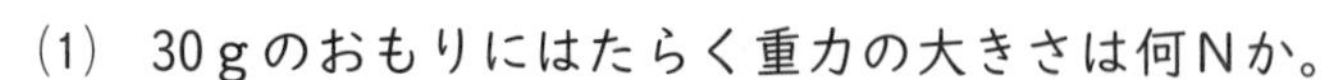
チェック P.98④ (各8点×3 24点)

(1) 30gのおもりにはたらく重力の大きさは何Nか。

[　　　　]

(2) おもりを取り外すと，ばねは何cmになるか。 [　　　　]

(3) 手でばねを引いたとき，ばねの長さが18cmになった。このとき，手が加えた力の大きさは何Nか。 [　　　　]

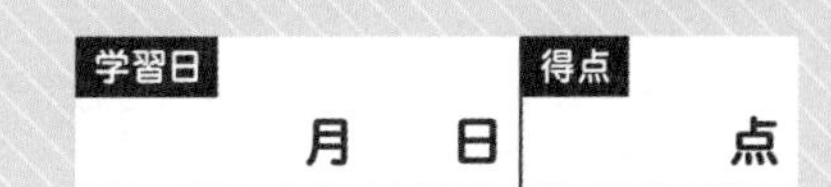

4 ある物体を，地球上と月面上で，ばねばかりと上皿てんびんではかると，下の図のようになった。次の問いに答えなさい。

チェック P.98⑤ (各５点×４　20点)

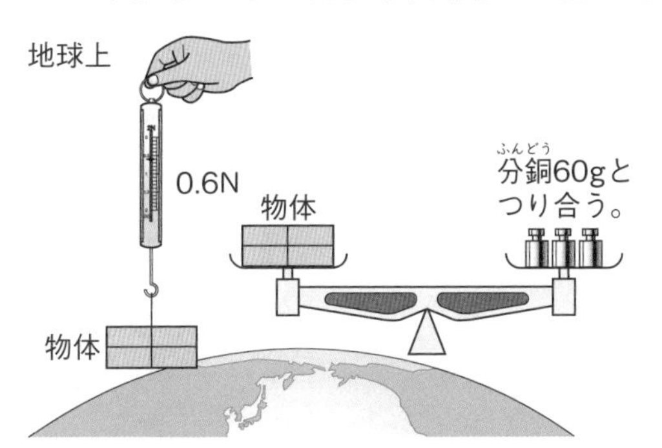

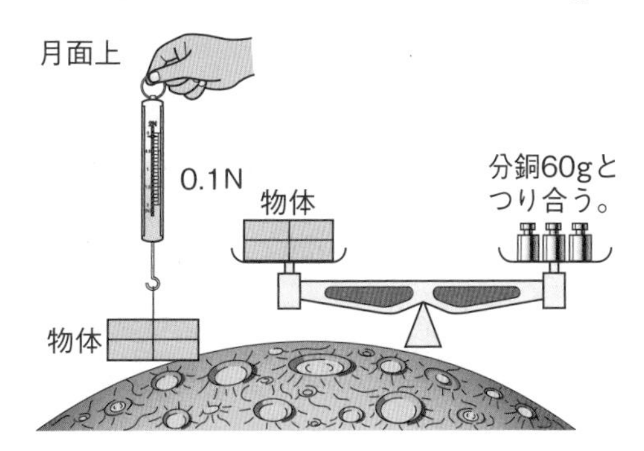

(1) 場所が変わっても変わらない物体そのものの量のことを質量といい，単位はｇやkgで表す。この物体の質量は何ｇか。 〔　　　　〕

(2) 物体にはたらく重力の大きさのことを重さといい，単位はＮで表す。重さははかる場所で値が変わるが，地球上での，この物体の重さは何Ｎか。 〔　　　　〕

(3) 月面上での，この物体の重さは何Ｎか。 〔　　　　〕

(4) 上の図から考えて，地球上で物体にはたらく重力の大きさは，月面上の何倍といえるか。 〔　　　　〕

5 右の図のように，１つの物体に２つの力がはたらいていて，物体が動かないとき，２つの力はつり合っているという。次の問いに答えなさい。

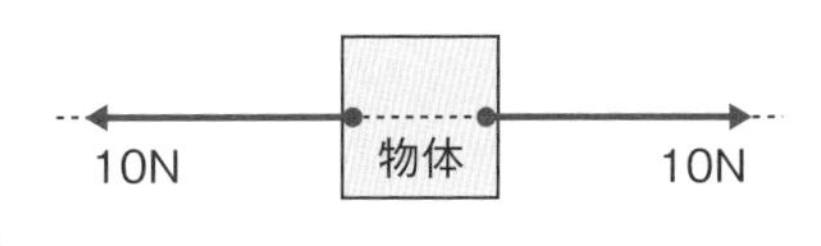

チェック P.98⑥ (各５点×４　20点)

(1) 右の図で，物体に加える２つの力の大きさはどうなっているか。 〔　　　　〕

(2) ２つの力の向きはどうなっているか。 〔　　　　〕

(3) ２つの力は同一直線上にあるか。 〔　　　　〕

(4) 右向きの力の大きさを12Ｎにすると，物体は右へ動いた。このとき，２つの力はつり合っているといえるか。 〔　　　　〕

練習ドリル　8章 力

1 重力を矢印で表すときは，右の図のように物体の中心を作用点とし，地球の中心に向かって矢印をかく。次の問いに答えなさい。　(各8点×2　16点)

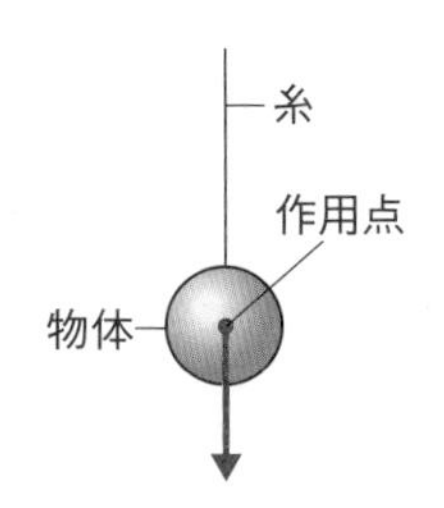

(1) 次のア～エの矢印のうち，物体にはたらく重力を正しく表しているものはどれか。記号で答えなさい。〔　　〕

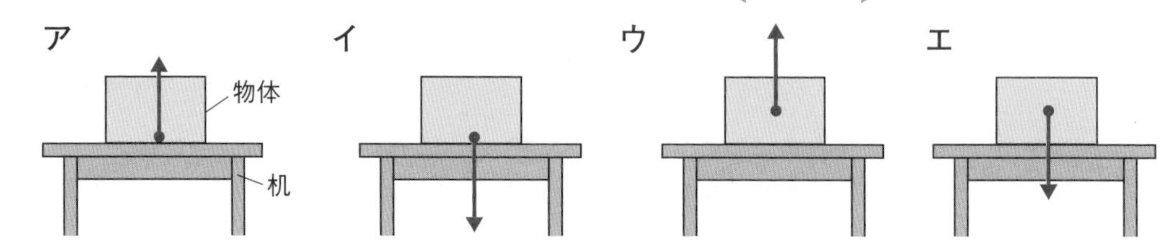

(2) (1)のア～エで，机が物体を支えている力（垂直抗力）を表しているものはどれか。記号で答えなさい。〔　　〕

2 月面上で，ある物体をばねばかりにつるすと，ばねばかりの値は0.15Nを示した。月面上での重力の大きさを地球上の$\frac{1}{6}$，地球上で100gの物体にはたらく重力の大きさを1Nとして，次の問いに答えなさい。　(各8点×3　24点)

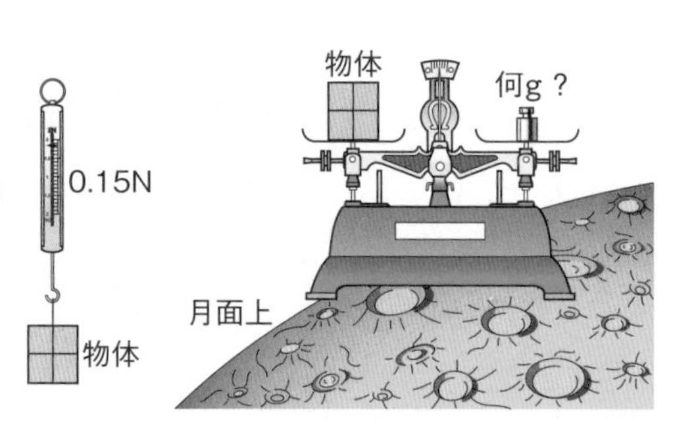

(1) 月面上で，この物体にはたらく重力の大きさは何Nか。〔　　〕

(2) 地球上で，この物体をばねばかりではかると，ばねばかりは何Nを示すか。〔　　〕

(3) 月面上で，この物体を上皿てんびんではかると，何gの分銅とつり合うか。〔　　〕

得点UPコーチ

1 (1)重力は，物体の中心から地球の中心に向かってはたらいている。(2)物体が机をおす力と同じ大きさの力が，反対向きにはたらいている。

2 (2)地球上ではたらく重力の大きさは，月面上の6倍になる。

学習日　月　日　得点　点

3 右の図のように，ばねにフックのついた１個100ｇのおもりを，１個，２個，３個，……とつるしていったときのばねののびを調べると，下の表のようになった。次の問いに答えなさい。　（各12点×５　60点）

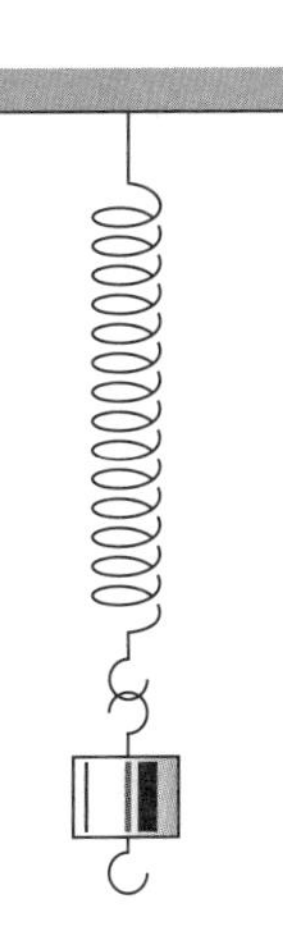

おもりの個数（個）	1	2	3	4	5
ばねののび（cm）	2.0	4.0	6.0	8.0	10.0

(1)　ばねがのびたのは，おもりに何という力がはたらいているからか。
〔　　　　〕

(2)　おもりにはたらく(1)の力を矢印で正しく表しているものは，次のア～エのどれか。記号で答えなさい。
〔　　〕

ア
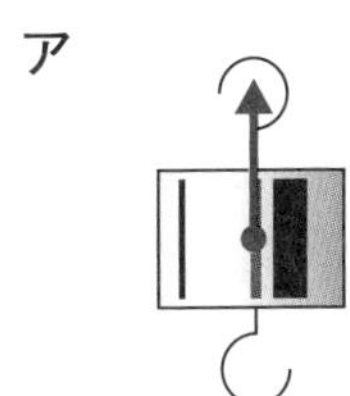
イ
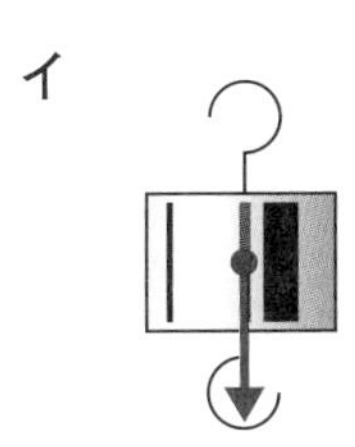
ウ
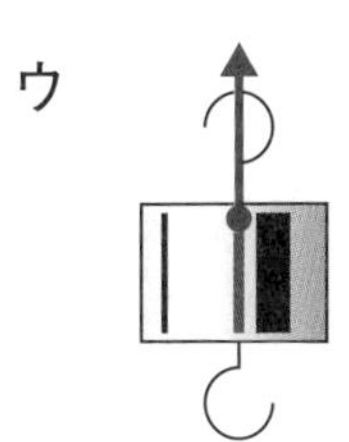
エ
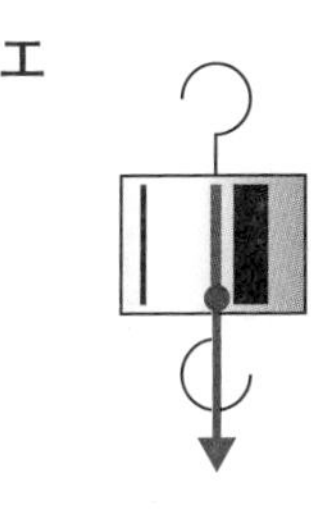

(3)　表より，おもりの個数が増えると，ばねののびは大きくなるといえるか。
〔　　　　〕

(4)　このばねを12.0cmのばすには，おもりを何個つり下げればよいか。
〔　　　　〕

(5)　100ｇの物体にはたらく(1)の大きさを１Ｎとすると，このばねを6.0cmのばすには，何Ｎの力で引けばよいか。
〔　　　　〕

3 (2)重力は，物体の中心を作用点として矢印をかく。　(3)おもりの個数が増えるごとに，ばねののびも大きくなっている。　(5)おもりを３個つり下げると，ばねは6.0cm のびる。300ｇの物体にはたらく重力の大きさを考える。

発展ドリル　8章　力

1 10Nの力の大きさを1cmの長さの矢印で表すとき，次の①～③の力を，図の中に矢印で表しなさい。ただし，作用点を•で表し，また，100gの物体にはたらく重力の大きさを1Nとする。　(各8点×3　24点)

① 2kgのおもりを，ばねが引く力

② 30Nの右向きの力で，水平に台車をおす力

③ 1kgのカバンを，手が支える力

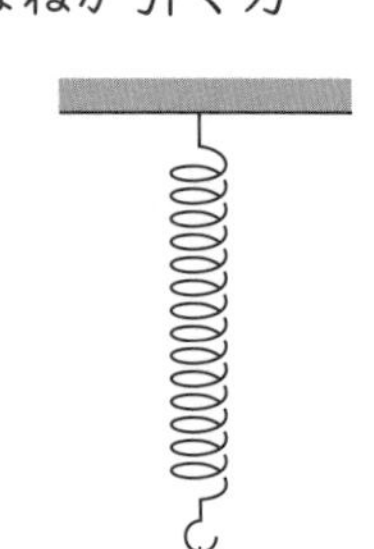

2 下の図は，1つの物体に2つの力がはたらいているようすを示したものであるが，いずれも2つの力はつり合っていない。力がつり合っていない理由を，それぞれ書きなさい。　(各8点×3　24点)

(1)

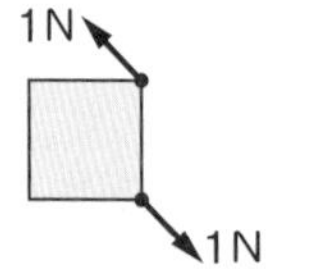

[　　　　　　　　]

(2)

[　　　　　　　　]

(3)

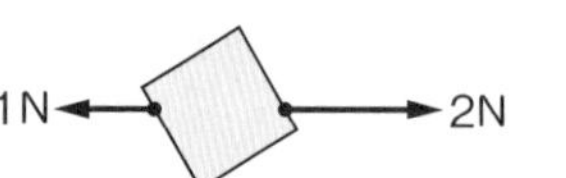

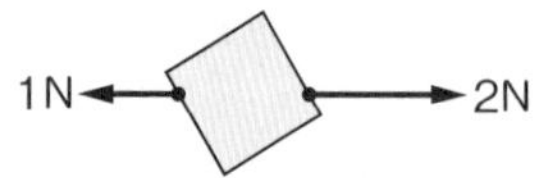

[　　　　　　　　]

1 ①ばねがおもりを引く力は上向き。
③手がカバンを支える力は上向き。

2 1つの物体にはたらく2力がつり合う条件は，2力が同一直線上にあり，2力の向きが反対，2力の大きさが等しいである。

学習日　月　日　得点　点

3 右のグラフは，あるばねに力を加えたときの，力の大きさとばねの長さの関係を調べたものである。次の問いに答えなさい。（各6点×4　24点）

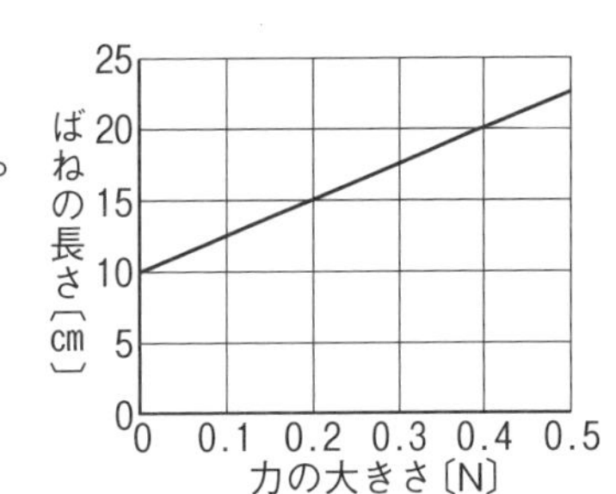

(1) 力を加えないときのばねの長さは何cmか。

〔　　　　　〕

(2) 0.2Nの力で引いたとき，ばねののびは何cmか。

〔　　　　　〕

(3) ばねを10cmのばすには，何Nの力で引けばよいか。

〔　　　　　〕

(4) ばねを0.6Nの力で引くと，ばねの長さは何cmになるか。

〔　　　　　〕

4 あるばねにいろいろなおもりをつるしていったときの，おもりの重さとばねののびの関係を調べると，下の表のようになった。次の問いに答えなさい。（各7点×4　28点）

ばねののび〔cm〕
10.0
8.0
6.0
4.0
2.0
0
0　0.1　0.2　0.3　0.4　0.5
おもりの重さ〔N〕

おもりの重さ〔N〕	0.1	0.2	0.3	0.4	0.5
ばねののび〔cm〕	2.0	4.0	6.0	8.0	10.0

(1) おもりの重さとばねののびの関係を，右のグラフに表しなさい。

(2) おもりの重さとばねののびとの間には，どのような関係があるといえるか。

〔　　　　　〕

(3) 0.25Nのおもりをつるしたとき，ばねは何cmのびるか。〔　　　　　〕

(4) ばねを7.0cmのばすには，何Nのおもりをつるせばよいか。〔　　　　　〕

得点UPコーチ

3 (4)ばねは0.2Nで5cmのびる。したがって，0.6Nでは15cmのびる。

4 (2)グラフは，原点を通る直線になる。

まとめのドリル

単元4

力

1 右の図は，鉄製のクリップにつけた糸を床(ゆか)に結びつけ，そのクリップに磁石を近づけて，クリップが浮(う)かんで静止したようすを表している。次の問いに答えなさい。

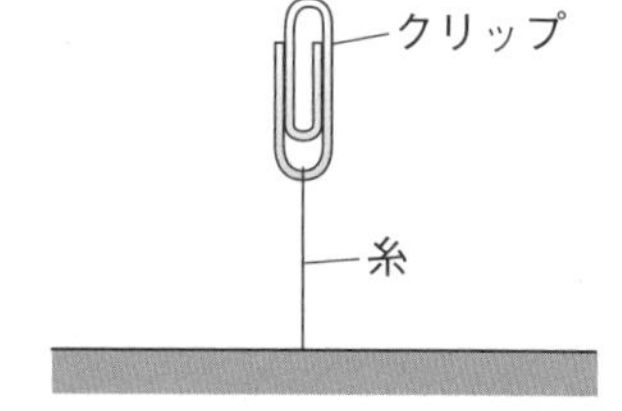

（各5点×5　25点）

(1)　クリップに対して，離(はな)れてはたらいている力を，2つ答えなさい。　〔　　　　〕〔　　　　〕

(2)　(1)で答えた力のうち，上向きにはたらいている力はどちらか。　〔　　　　〕

(3)　このとき，糸を切るとクリップはどうなるか。
〔　　　　　　　　〕

(4)　また，磁石をクリップから遠ざけていくと，クリップはどうなるか。
〔　　　　〕

2 2つのばねA，Bにおもりをつるし，ばねに加えた力の大きさと，ばねののびの関係を調べた。図1はそのときのグラフである。次の問いに答えなさい。

（各10点×3　30点）

(1)　0.4Nのおもりをつるしたとき，ばねののびが大きいのは，ばねA，ばねBのどちらか。　〔　　　　〕

(2)　図2のように，ばねA，ばねBと2個のおもりをつないだとき，ばねA，ばねBはそれぞれ何cmのびるか。ただし，ばねの重さは考えないものとする。

ばねA〔　　　　〕　ばねB〔　　　　〕

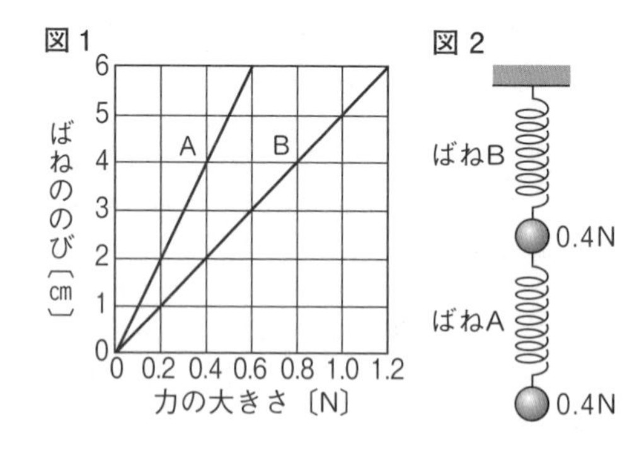

1 (1)～(3)クリップは磁石に引き上げられている。

2 (1)0.4Nのおもりをつるすと，ばねAは4cmのび，ばねBは2cmのびる。
(2)ばねAは0.4Nの力が加わり，ばねBは0.8Nの力が加わる。

学習日　月　日　得点　点

3 右の図は，人が台車をおすときの力のようすを矢印で表したものである。図のように，力には，作用点・力の大きさ・力の向きの3つの要素がある。次の問いに答えなさい。

（各5点×5　25点）

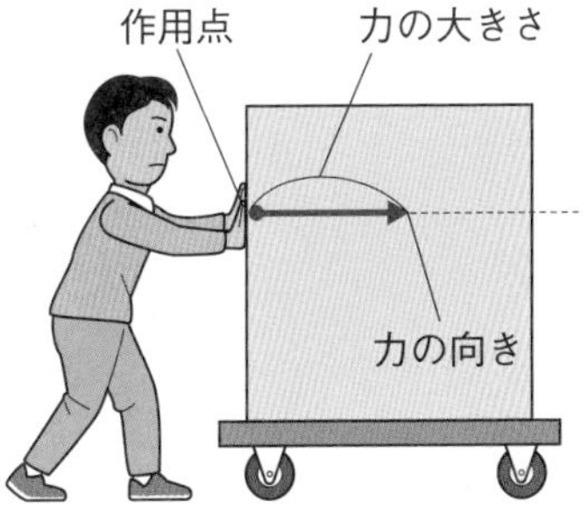

作用点　力の大きさ　力の向き

(1) 作用点・力の大きさ・力の向きは，何で表されるか。下の｛　｝の中から選んで書きなさい。

作用点〔　　〕

力の大きさ〔　　〕

力の向き〔　　〕

｛ 矢印の長さ　矢印の向き　矢印の始点 ｝

(2) 図では，台車はどの向きに動くか。下の｛　｝の中から選んで書きなさい。

〔　　〕

｛ 上向き　下向き　右向き　左向き ｝

(3) 台車をおす力の大きさが大きくなったとき，矢印の長さをどうするか。

〔　　〕

4 右の図のように，ばねばかりを両手で引いて，金属の輪を静止させた。次の問いに答えなさい。　（各10点×2　20点）

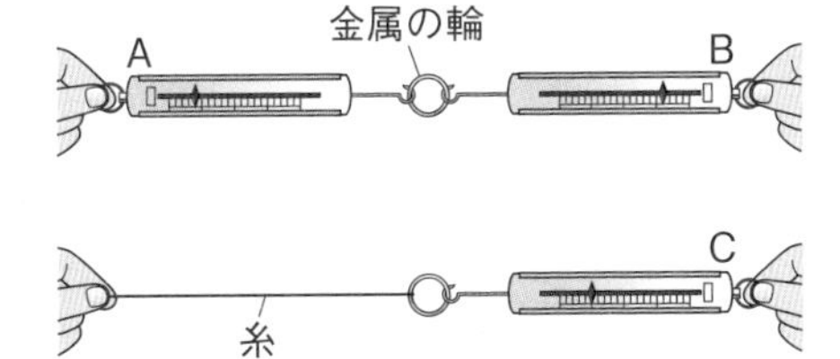

(1) 金属の輪が静止しているとき，ばねばかりAの値は0.4Nを示した。ばねばかりBの値は何Nを示しているか。

〔　　〕

(2) ばねばかりCの値が0.6Nを示したとき，手が糸を引いている力は何Nか。

〔　　〕

3 (3)矢印の長さは，加える力の大きさに比例して長くする。

4 金属の輪が静止しているのは，2力がつり合っているということである。

定期テスト対策問題(7)

1 右の図のように，エキスパンダーを手で引いている。次の問いに答えなさい。　　（各５点×４　⑳点）

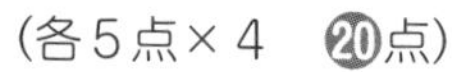

(1) 次の文の〔　〕にあてはまることばを書きなさい。

エキスパンダーを手で引いて，ばねに〔①　　　〕を加えるとばねが〔②　　　〕。

(2) 手で引くのをゆっくりやめると，ばねはどうなるか。下の｛　｝の中から選んで書きなさい。　〔　　　　　〕

｛ もとの形にもどる。　のびたままになる。　手で引く前より縮む。｝

(3) ばねの(2)のような性質を何というか。　〔　　　　　〕

2 力の大きさは，矢印の長さで表すことができる。長さ1cmの矢印が１Nの力を表すとき，次の①～④の矢印は，何Nの力を表しているか。　（各４点×４　⑯点）

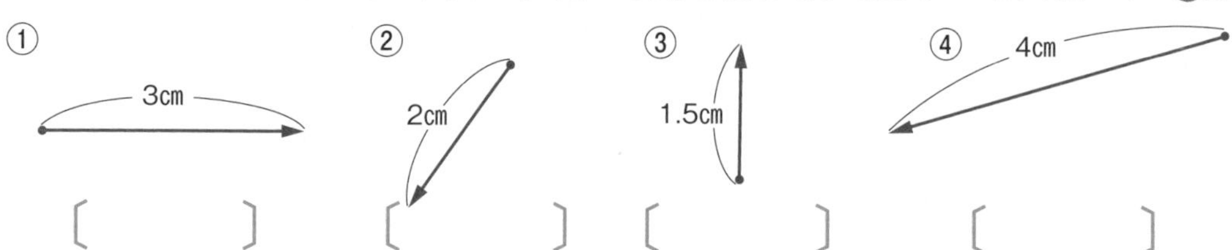

〔　　〕　〔　　〕　〔　　〕　〔　　〕

3 下のア～カは，１つの物体に２つの力がはたらいているようすを示したものである。２つの力がつり合っているものをすべて選び，記号で答えなさい。　（⑧点）

〔　　　　　〕

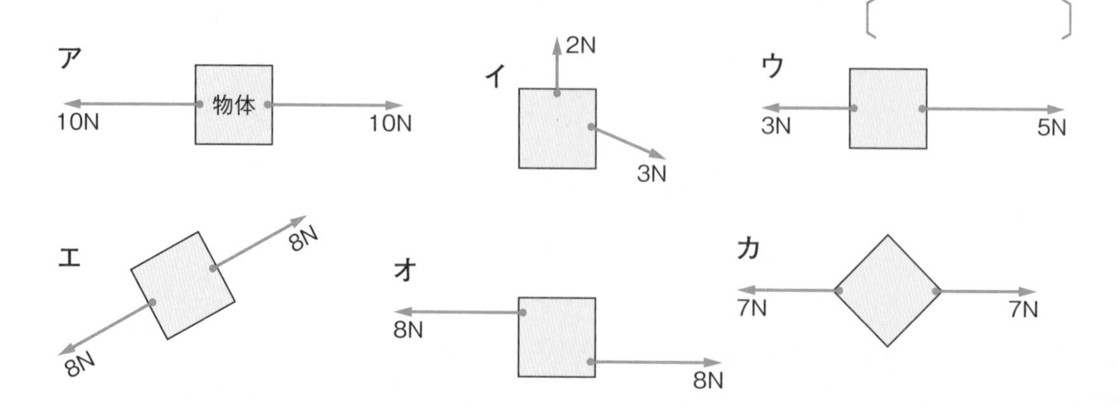

4 月面に着陸したある宇宙船で，質量600 gの物体Aをばねばかりではかったところ，1 Nの値を示した。地球上で100 gの物体にはたらく重力の大きさを1 Nとして，次の問いに答えなさい。

(各8点×4　32点)

(1) この物体Aの，宇宙船内における重さは何Nか。　〔　　　　〕

(2) 宇宙船内で，質量900 gの物体Bをばねばかりではかると，ばねばかりは何Nを示すか。　〔　　　　〕

(3) もし，宇宙船が宇宙空間で無重力状態にあるとき，物体Aの質量と重さは，それぞれいくらになるか。

質量〔　　　　〕

重さ〔　　　　〕

5 右の図のように，天井からある物体をばねでつるしたところ，ばねは2 cmのびて静止した。1 Nの力を1 cmの矢印で表すものとして，次の問いに答えなさい。　(各8点×3　24点)

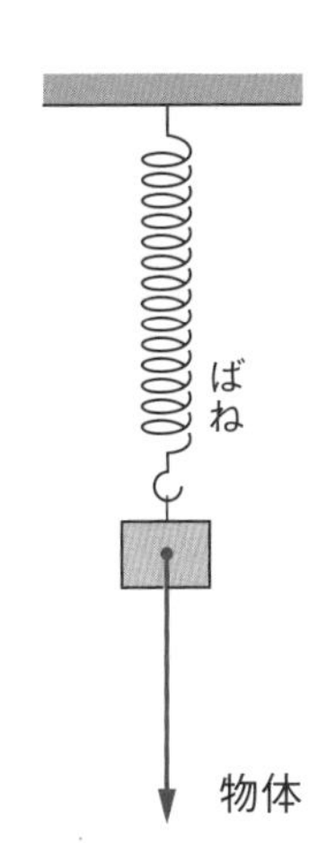

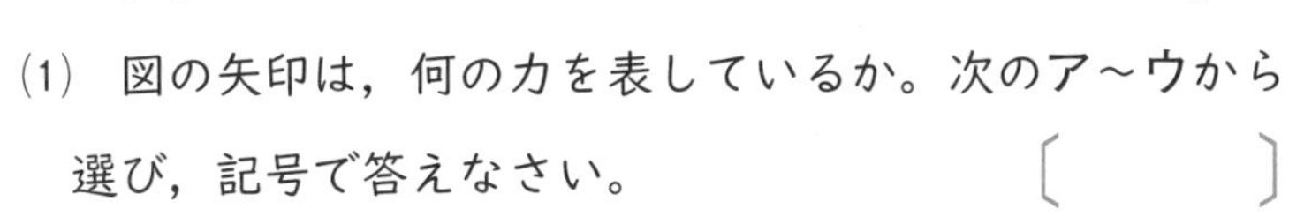

(1) 図の矢印は，何の力を表しているか。次のア～ウから選び，記号で答えなさい。　〔　　　〕

ア　ばねが物体を引く力

イ　物体がばねを引く力

ウ　物体にはたらく重力

(2) 図の矢印が表す力の大きさは何Nか。　〔　　　　〕

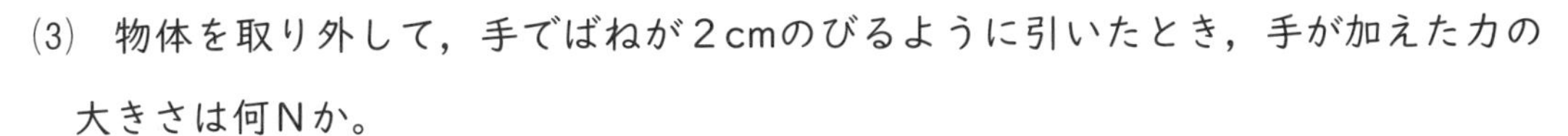

(3) 物体を取り外して，手でばねが2 cmのびるように引いたとき，手が加えた力の大きさは何Nか。

〔　　　　〕

定期テスト対策問題(8)

1 力には，次のA，B，Cのはたらきがある。下の①～⑥のような場合は，A，B，Cのどれにあてはまるか。それぞれ記号で答えなさい。　(各5点×6　30点)

A　物体の形を変える。

B　物体の運動のようすを変える。

C　物体を支える。

①　バーベルを持ち上げて支える。　〔　　〕

②　ばねを引くと，ばねがのびる。　〔　　〕

③　風船を手でおして，風船をへこませる。　〔　　〕

④　台車をおして，台車を動かす。　〔　　〕

⑤　バケツを手に持って立っている。　〔　　〕

⑥　バットでボールを打つと，ボールが飛んでいく。　〔　　〕

2 長さが15cmで，20gのおもりをつるすと，1.5cmのびる2つのばねA，Bを用いて，ばねの長さやのびについて調べた。次の問いに答えなさい。ただし，ばねの重さは考えないものとする。

(各6点×4　24点)

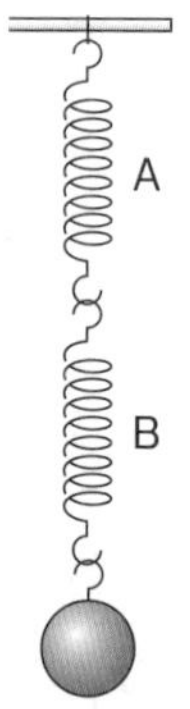

A

B

(1)　ばねAにおもりをつるしたところ，ばねAの長さは16.5cmになった。ばねAにつるしたおもりの質量は何gか。

〔　　〕

(2)　右の図のように，ばねAとばねBをつなぎ，質量40gのおもりを1個つるした。ばねBの長さは何cmになるか。　〔　　〕

(3)　右の図のおもりにはたらいている力を，2つ書きなさい。

〔　　〕

〔　　〕

学習日　　月　日　得点　　点

3 図1のような実験装置を使い，いろいろな質量のおもりを下げて，ばねの長さを調べる実験を行った。図2は，その結果をグラフにしたものである。次の問いに答えなさい。ただし，100 g の物体にはたらく重力の大きさを1Nとする。　(各7点×4　28点)

図1

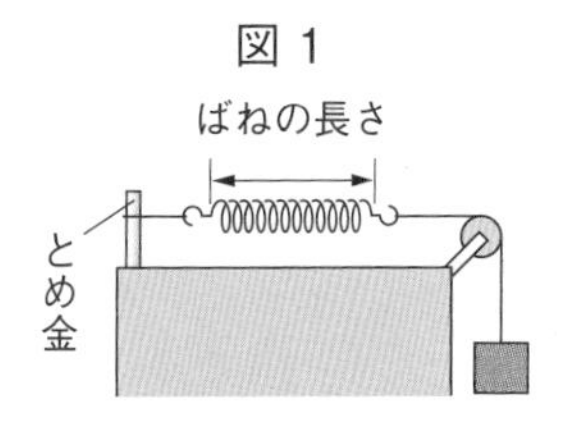

図2

ばねの長さ〔cm〕　0 2 4 6 8 10 12 14
0 40 80 120
おもりの質量〔g〕

(1) 150 g のおもりをつるしたとき，ばねののびは何cmになるか。次のア～エから選び，記号で答えなさい。

ア　8cm　　イ　10cm　　ウ　12cm　　エ　14cm

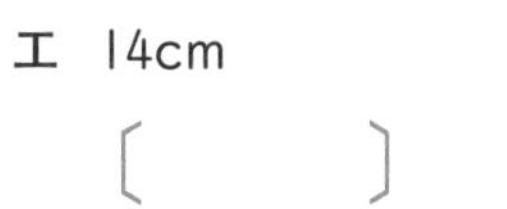

〔　　　〕

(2) このばねが4cmのびたとき，ばねに加えた力は何Nか。

〔　　　〕

(3) おもりをつるしていないとき，このばねの長さは何cmか。〔　　　〕

(4) 図2のグラフより，ばねののびは，ばねに加える力の大きさに比例するといえる。この関係のことを何というか。〔　　　〕

4 下の図は，1つの物体に2つの力がはたらいているようすを示したものである。2つの力がつり合っているものには○，つり合っていないものには，ア～ウのどの条件が合っていないか，記号で答えなさい。　(各6点×3　18点)

(1)〔　　　〕

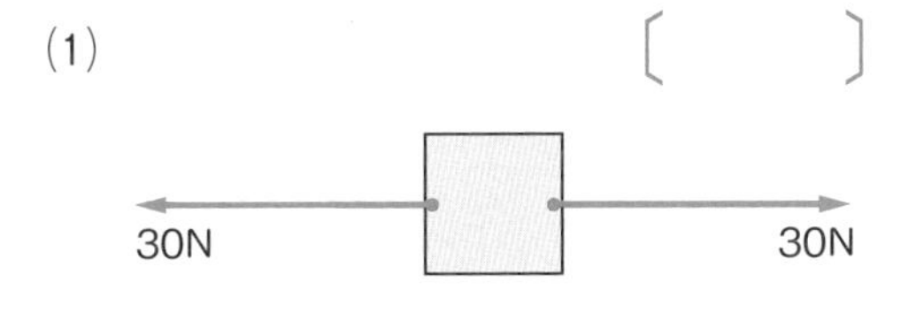

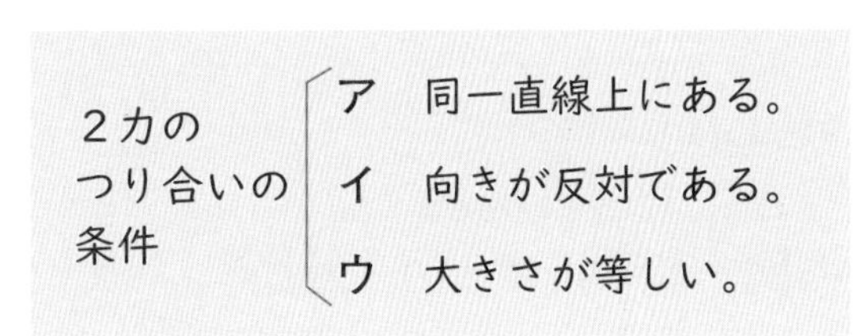

(2)〔　　　〕

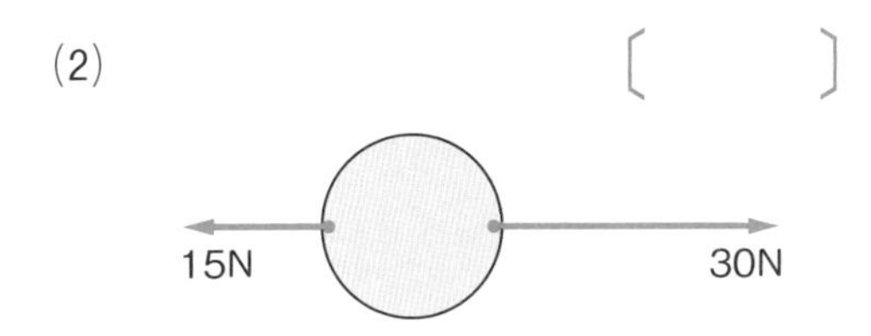

(3)〔　　　〕

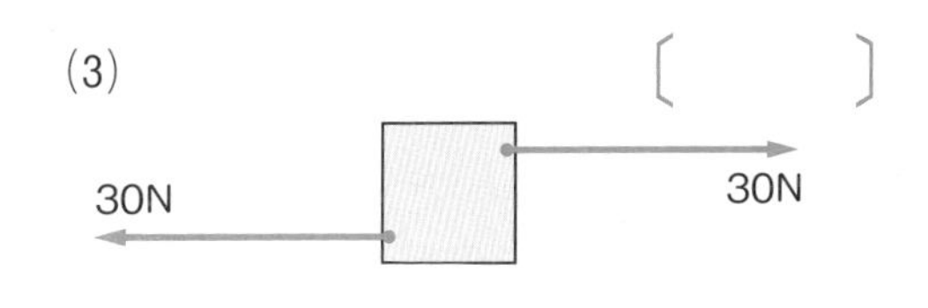

「中学基礎100」アプリ テスト前 5科4択 で，
スキマ時間にもテスト対策！

問題集

＼ 日常学習 テスト1週間前 ／

『中学基礎がため100%』シリーズに取り組む！

アプリ

＼ 定期テスト直前！ ／

テスト必出問題を「4択問題アプリ」でチェック！

アプリの特長

『中学基礎がため100%』の5教科各単元にそれぞれ対応したコンテンツ！

＊ご購入の問題集に対応したコンテンツのみ使用できます。

テストに出る重要問題を4択問題でサクサク復習！

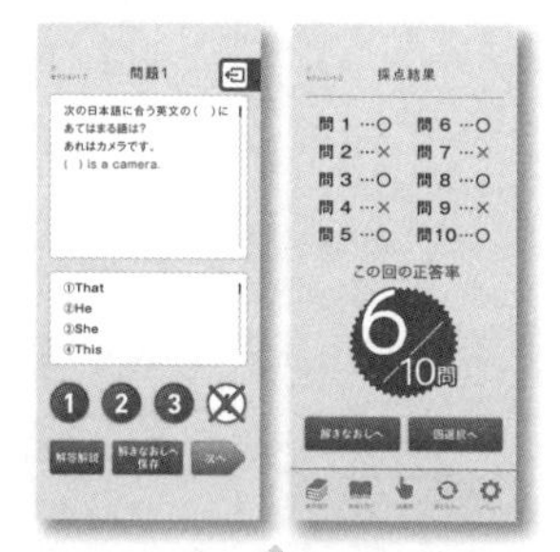

間違えた問題は「解きなおし」で，何度でもチャレンジ。テストまでに100点にしよう！

＊アプリのダウンロード方法は，本書のカバーそで（表紙を開いたところ），または1ページ目をご参照ください。

中学基礎がため100%

できた！ 中1理科 物質・エネルギー（1分野）

2021年 3 月　第1版第1刷発行
2024年 2 月　第1版第4刷発行

発行人／志村直人
発行所／株式会社くもん出版
〒141-8488
東京都品川区東五反田2−10−2　東五反田スクエア11F
☎ 代表　03(6836)0301
編集直通　03(6836)0317
営業直通　03(6836)0305

印刷・製本／株式会社精興社

デザイン／佐藤亜沙美（サトウサンカイ）
カバーイラスト／いつか
本文イラスト／塚越勉・細密画工房（横山伸省）
本文デザイン／岸野祐美（京田クリエーション）

ISBN 978-4-7743-3120-1

CD57517

くもん出版ホームページ　https://www.kumonshuppan.com/

＊本書は『くもんの中学基礎がため100%　中1理科　第1分野編』を改題し，新しい内容を加えて編集しました。

これだけは覚えておこう

中1理科　物質・エネルギー（1分野）

❶ 物質の性質

●金属の性質

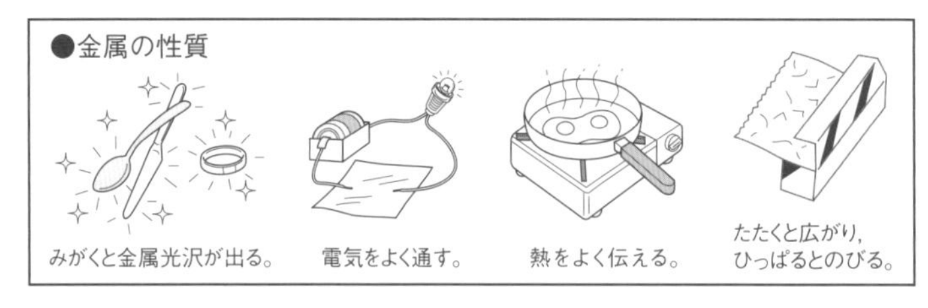

●気体の集め方

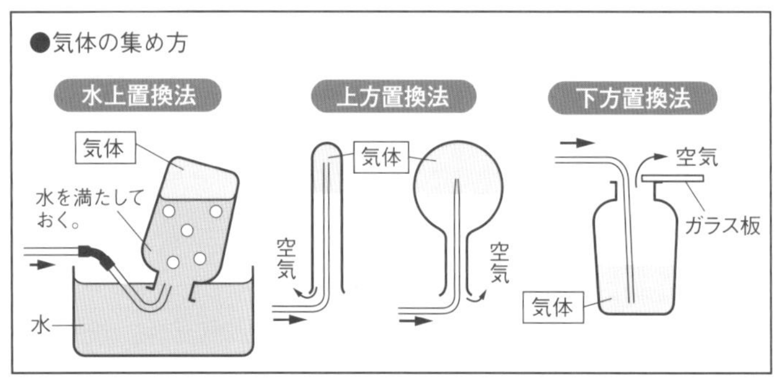

●純粋な物質の融点

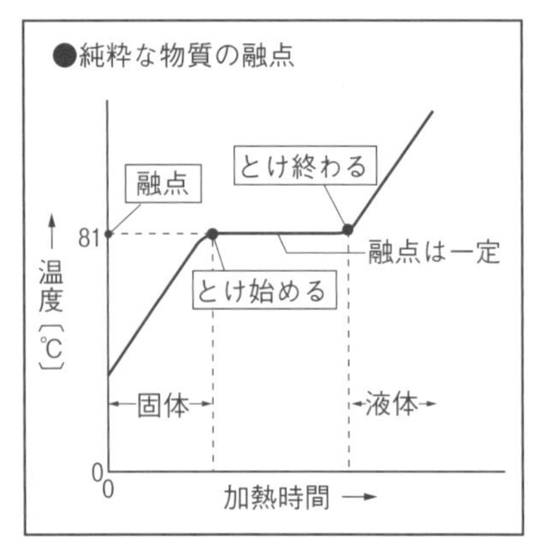

●純粋な物質の沸点

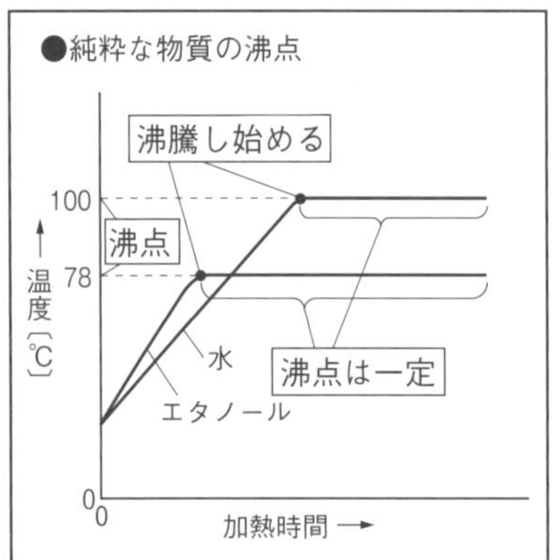

●状態変化

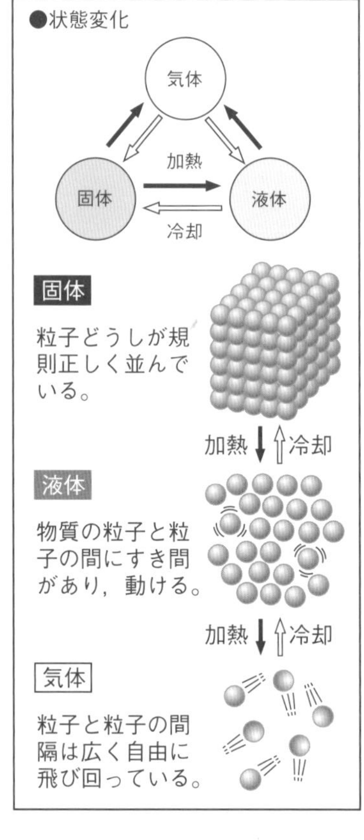

●物質の密度

$$\text{密度〔g/cm}^3\text{〕} = \frac{\text{物質の質量〔g〕}}{\text{物質の体積〔cm}^3\text{〕}}$$

●質量パーセント濃度

$$\text{質量パーセント濃度〔\%〕} = \frac{\text{溶質の質量〔g〕}}{\text{溶質の質量〔g〕}+\text{溶媒の質量〔g〕}} \times 100 = \frac{\text{溶質の質量〔g〕}}{\text{溶液の質量〔g〕}} \times 100$$

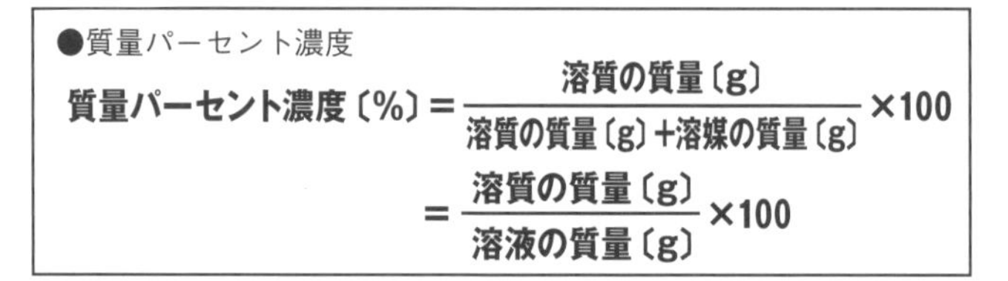

⬅ていねいに引っぱってください。別冊解答になります。

中学基礎がため100%

できた! 中1理科

物質・エネルギー(1分野)

別冊解答書

答えと考え方

・答えの後の(　　)は別の答え方です。
・記述式問題の答えは例を示しています。内容が合っていれば正解です。

復習ドリル （小学校で学習した「ものの性質」） P.5

1 イ

考え方 ものの種類がちがうと，体積が同じでも重さは異なる。

2 (1) 鉄のスプーン，くぎ，ゼムクリップ

(2) 鉄のスプーン，10円玉，アルミニウムはく，くぎ，ゼムクリップ

考え方 (1) 磁石に引きつけられるのは，鉄である。

(2) 鉄以外の金属も，電気を通す。

3 (1) 上がる。

(2) 小さい。

考え方 (1)，(2) 水も空気も，あたためられると体積が大きくなるが，体積の変わり方は，空気のほうが大きい。

単元1 物質の性質

1章 実験の基本操作

基本チェック P.7・P.9

1 (1) ①閉まっている ②元栓(もとせん)
③ガス調節ねじ ④斜(なな)め下
⑤ガス調節ねじ ⑥空気調節ねじ

(2) ⑦空気調節ねじ ⑧ガス調節ねじ

(3) ⑨空気調節 ⑩ガス調節

考え方 (1)，(2) 点火のときは「ガス調節ねじ→空気調節ねじ」の順に開き，消火のときは「空気調節ねじ→ガス調節ねじ」の順に閉じる。

2 ①水平 ②真横 ③$\frac{1}{10}$

考え方 メスシリンダーの目盛りは，最小目盛りの$\frac{1}{10}$まで目分量で読みとる。

3 ①水平 ②0 ③0

考え方 容器や薬包紙をのせてから表示を0にすると，それらの質量をふくまない質量を表示することができる。

4 ①左右に等しく振(ふ)れる ②ピンセット
③左 ④重い ⑤左 ⑥重ね
⑦指針 ⑧皿 ⑨調節ねじ
⑩うで

考え方 上皿てんびんがつり合っているかどうかは，指針が中央に止まるかどうかではなく，左右に等しく振れているかどうかで判断する。分銅を直接手でさわると，手の水分などによって分銅がさびて，質量が変わってしまうことがある。

5 ①伝わらせ ②$\frac{1}{5}$ ③$\frac{1}{4}$
④沸騰石(ふっとうせき) ⑤上
⑥振り ⑦下げる

考え方 少量の液体を加熱すると，急に沸騰して，液体が飛び出すことがあり，危険である。沸騰石は，これを防ぐために入れる。

基本ドリル P.10・11

1 (1) 〔火のつけ方〕①元栓
②コック ③ガス調節ねじ
④ガス調節ねじ ⑤空気調節ねじ
〔火の消し方〕①空気調節ねじ
②ガス調節ねじ ③元栓

(2) イ

(3) ①不足しているとき。
②青色

(4) ガス調節ねじ

考え方 (3) ガスバーナーの炎(ほのお)の色は，青色になるように調節する。空気の量が足りないと，赤色や橙(だいだい)色になる。

2 (1) 100cm³ 用… 1 cm³
200cm³ 用… 2 cm³

(2) ア…53.0cm³ イ…187.0cm³

考え方 (2) メスシリンダーの目盛りを読むときは，最小目盛りの$\frac{1}{10}$まで目分量で読みとる。したがって，最小目盛

りが1 cm^3ならば，0.1 cm^3まで読みとるので，読みとった結果の値は，小数第1位まで書く。

3 (1) 指針が左右に等しく振れるようになったとき。

(2) 55.2 g

(3) 85.5 g

(4) 30.3 g

考え方 (2) 200mg＝0.2 g である。

練習ドリル P.12

1 (1) 最大容量…100 cm^3
1目盛り…1 cm^3

(2) イ

(3) 65.5 cm^3

(4) 20 cm^3 用

考え方 (4) 200 cm^3用でも可能だが，最小目盛りの体積が大きくなるため，正確にはかることが難しくなる。

2 (1) 沸騰石（ふっとうせき）

(2) 炭酸水が急に沸騰（突沸（とっぷつ））するのを防ぐため。

発展ドリル P.13

1 (1) 50.0 cm^3

(2) 76.0 cm^3

(3) 26.0 cm^3

(4) ①物体　②こぼれた（あふれた）
③体積

考え方 (3) 水中に入れた銅の体積の分だけ，水面が上昇（じょうしょう）している。

2 (1) イ

(2) A

考え方 (1) 点火するとき，上からマッチの火を近づけると危険である。

単元1 物質の性質

2章 物質の性質

基本チェック P.15・P.17

1 ①物質　②できる　③炭素
④二酸化炭素　⑤有機物
⑥二酸化炭素　⑦無機物

考え方 炭素をふくんでいる物質を有機物といい，有機物以外の物質を無機物という。有機物は燃やすと，二酸化炭素と水が発生する。

2 ①燃えた。（黒くこげた。炭になった。）
②燃えなかった。（変わらなかった。）
③白くにごった。
④二酸化炭素　⑤炭素
⑥有機物　⑦無機物

考え方 砂糖やかたくり粉は，燃えて二酸化炭素を発生させるので，有機物である。二酸化炭素は，石灰水を白くにごらせる。

---

3 ①金属光沢（こうたく）　②のびる　③電気
④熱　⑤たたくと広がる
⑥熱をよく伝える
⑦電気をよく通す　⑧金属光沢がある
⑨（は）ない　⑩非金属

考え方 フライパンやなべなどが金属でつくられているのは，熱を伝えやすく，効率的に調理できるからである。

4 ①質量　②密度　③質量　④体積
⑤ $\frac{1\,g}{1\,cm^3} = 1\,g/cm^3$　⑥ $1\,g/cm^3$
⑦変わる

考え方 密度とは，1 cm^3あたりの物質の質量である。密度は，物質によって決まっている。

基本ドリル P.18・19

1 (1) 物体の名前
(2) 物質の名前
(3) ちがう性質もある。

考え方 (3) スチール缶(かん)とは，鉄製の缶である。鉄とアルミニウムでは，密度や熱の伝わり方，さびにくさ，磁石につくかどうかなど，さまざまなちがいがある。

2 (1) 食塩
(2) 砂糖，デンプン
(3) 有機物
(4) 炭素
(5) 無機物
(6) 砂糖

考え方 (6) 砂糖，デンプン，食塩のうち，砂糖と食塩は水にとけるが，デンプンは水にとけない。

3 (1) 金属光沢(こうたく)
(2) 広がる。(のびる。)
(3) 流れる。
(4) ある。
(5) 金属
(6) 非金属

考え方 (4) 磁石につくのは，鉄などの一部の金属のみである。

4 (1) ちがう。
(2) 密度
(3) $60.0cm^3$
(4) $10.0cm^3$
(5) $7.8 g/cm^3$

考え方 (1) 密度は物質によって異なるため，体積が同じでも，物質によって質量は異なる。
(5) 密度は，$1cm^3$あたりの質量である。

$$\frac{78.0 g}{10.0 cm^3}=7.8 g/cm^3$$

練習ドリル P.20

1 (1) 水
(2) 黒くこげた。(炭になった。)
(3) 白くにごった。
(4) 二酸化炭素
(5) 有機物
(6) 無機物
(7) ウ，オ，カ

考え方 (3)，(4) 石灰水は二酸化炭素と反応して，白くにごる。
(7) ガラスなど鉱物からつくられたものや，金属には炭素がふくまれていないので，無機物である。

発展ドリル P.21

1 (1) 変化しない。
(2) 水…100 g
エタノール…79 g
(3) $0.91 g/cm^3$
(4) 浮(う)く。

考え方 (3) 密度〔g/cm^3〕$=\frac{182 g}{200 cm^3}$
$=0.91 g/cm^3$

2 (1) 食塩
(2) 有機物
(3) デンプン

考え方 (2) 加熱すると燃えて黒くこげる物質は，炭素をふくんでいる。

まとめのドリル P.22・23

1 (1) 回すねじ…B　回す向き…イ

(2) ウ

考え方 (1) ガスを出すときは，ガス調節ねじを，上から見て反時計回りに回す。

2 (1) 有機物

(2) A…食塩　B…砂糖

C…デンプン

考え方 (2) デンプン，砂糖，食塩のうち，水にとけないのはデンプン，加熱しても黒くこげないのは無機物の食塩である。

3 (1) ウ

(2) スチール缶(かん)は磁石についたが，アルミ缶はつかなかった。

(3) いえる。

考え方 (1)〜(3) 金属に共通する性質は，

・電気をよく通す

・みがくと光る(金属光沢(こうたく))

・たたくと広がり引っぱるとのびる

・熱をよく伝える

である。磁石に引きつけられるのは，金属に共通する性質ではない。

4 (1) 皿をよごさないため。

(2) 35 g

(3) 食塩

考え方 (1) 一方の皿に薬包紙をのせた場合は，もう一方の皿にも薬包紙をのせてから，上皿てんびんを調節する。

定期テスト対策問題(1) P.24・25

1 (1) A…空気調節ねじ

B…ガス調節ねじ

(2) ア→エ→オ→ウ→イ

(3) 空気

(4) ねじ…A　方向…D

考え方 (4) 空気調節ねじを開けて，空気の量を増やす。

2 (1) ウ，エ

(2) 液体が急に沸騰(ふっとう)（突沸(とっぷつ)）して，飛び出すのを防ぐため。

考え方 (1)，(2) 少量の液体を加熱すると，急に沸騰して，液体が飛び出すことがあり，危険である。これを防ぐために，沸騰石を入れてから加熱する。

3 (1) 実験１…イ　実験２…ウ

(2) 黒くこげた。(炭になった。)

(3) 有機物

(4) 水にとけた。

考え方 (1) 実験１では，有機物と無機物に分けている。砂糖と小麦粉(デンプン)は有機物，食塩は無機物である。**実験２**は，水にとける物質ととけない物質に分けている。砂糖は水にとけるが，小麦粉はとけない。

4 (1) 密度

(2) 銅

(3) 89.6 g

(4) できない。

考え方 (4) 電気をよく通すという性質は，金属に共通のものである。したがって，これらの３種類の金属を見分ける手がかりにはならない。

定期テスト対策問題(2) P.26・27

1 (1) A

(2) カ，ク，ケ

(3) 亜鉛

考え方 (3) 物質ウの密度を求めて，表2と比較する。物質ウの密度は，

$\frac{49.0\,g}{6.9\,cm^3}=7.10\cdots\,g/cm^3$

2 (1) イ

(2) BとD

(3) 無機物

(4) みがくと金属光沢が出る。
たたくと広がり，引っぱるとのびる。
熱をよく伝える。
電気をよく通す。

考え方 (2) 表から，それぞれの金属片の体積を読みとる。A…18.6mL，B…6.4mL，C…5.6mL，D…6.4mL。BとDは，質量と体積の両方が同じなので，密度も等しく，同じ物質であると考えられる。

3 (1) 水平な場所

(2) ウ→ア→イ

考え方 (2) 電子てんびんに薬包紙をのせて使用する場合は，先に薬包紙をのせてから，表示が0になるように調節する。

4 (指針が) 左右に等しく振れているとき。

考え方 上皿てんびんがつり合っているかどうかは，指針が目盛りの中央に止まるかどうかで判断するわけではないことに注意する。

復習ドリル (小学校で学習した「水の変化」「水溶液の性質」) P.29

1 (1) ①沸騰　②100℃

(2) ①0℃　②変化しない。
③下がり始める。

考え方 (1)，(2) 水は100℃で沸騰し，沸騰している間，温度は変化しない。また，水を冷やして0℃になると，こおり始めるが，すべてがこおるまで，温度は変化しない。

2 (1) できない。

(2) 10℃…食塩　60℃…ミョウバン

(3) 食塩

(4) 水を蒸発させる。

考え方 (3) 一定量の水にとける物質の量は，水の温度によって変化するが，変化のしかたは物質によって異なる。変化が大きい物質は，水の温度を下げることによって，とけていた物質をとり出すことができる。

単元2 気体と水溶液

3章 気体とその性質

基本チェック P.31・P.33

1 (1) ①塩酸　②炭酸水素ナトリウム
③炭酸水　④オキシドール
⑤過酸化水素水
⑥オキシドール(うすい過酸化水素水)
⑦塩酸　⑧塩化アンモニウム

(2) ①二酸化炭素　②酸素　③空気
④水素　⑤アンモニア

2 ①水上置換法　②上方置換法
③下方置換法　④にくい　⑤やすく
⑥小さい　⑦やすく　⑧大きい
⑨水上置換　⑩上方置換
⑪下方置換

考え方「置換」とは「置き換える」という意味である。上方置換法と下方置換法は

気体を空気と置き換えて，水上置換法は気体を水と置き換えて集める方法である。

3 ①二酸化炭素 ②酸素 ③水素
④アンモニア ⑤窒素 ⑥黄色
⑦緑色 ⑧青色 ⑨無色
⑩無色 ⑪赤色

考え方 ＢＴＢ溶液は，酸性・中性・アルカリ性の水溶液の判別に用いる。フェノールフタレイン溶液は，アルカリ性の判別はできるが，中性と酸性の区別はできない。

基本ドリル P.34・35

1 (1) 鉄と亜鉛
(2) いえない。

考え方 (2) 図のようにして気体を集めるとき，はじめに出てくる気体には，フラスコ内にあった空気が多く混じっている。

2 (1) ①水上置換法 ②上方置換法
③下方置換法
(2) 下方置換法
(3) 水上置換法

考え方 (3) 上方置換法と下方置換法は，空気が混ざってしまうおそれがあり，純粋な気体を集めにくく，集めた気体の体積もわかりにくい。しかし，水にとけやすい気体は，水上置換法で集めることができないので，上方置換法か下方置換法のどちらかを用いる。

3 (1) ①酸素
(2) ②塩酸 ③炭酸水
④水酸化カルシウム
⑤アンモニア水

考え方 (2) 炭酸水は二酸化炭素の水溶液，アンモニア水はアンモニアの水溶液である。気体がとけている水溶液を加熱すると，とけていた気体が出てくる。

4 (1) Ａ…アンモニア Ｂ…水素
Ｃ…二酸化炭素
(2) Ａ…イ Ｂ…ア Ｃ…アとウ

考え方 (2) アンモニアは水にとけやすいので，水上置換法で集めることはできない。二酸化炭素は水に少しとけるが，アンモニアほどはとけないので，水上置換法で集めることもできる。

練習ドリル P.36・37

1 (1) Ａ…酸素 Ｂ…水素
Ｃ…二酸化炭素 Ｄ…アンモニア
(2) ものを燃やす性質
(3) 燃えない。
(4) 気体Ｃの水溶液…酸性
気体Ｄの水溶液…アルカリ性
(5) Ｃ
(6) イ

考え方 (1) 青色リトマス紙が赤色に変化するのは，酸性の水溶液である。４種類の気体のうち，水溶液が酸性なのは二酸化炭素である。赤色リトマス紙が青色に変化するのは，アルカリ性の水溶液である。水溶液がアルカリ性なのは，アンモニアである。

2 (1) ア…下方置換法 イ…上方置換法
ウ…水上置換法
(2) ウ
(3) 水にとけやすく，空気より密度が小さいから。

考え方 (3) アンモニアを集める方法では，「水にとけやすいから，水上置換法を用いることができない」という内容の出題が多い。しかし，ここでは，上方置換法で集めることができる理由が問われていることに注意する。

3 (1) オとカ
(2) 水にとけやすい性質
(3) 赤色

(4) アルカリ性

考え方 (3) アンモニアは水にとけると，水溶液はアルカリ性を示す。フェノールフタレイン溶液は酸性，中性では無色，アルカリ性では赤色になる。

発展ドリル P.38・39

1 (1) ①ない ②刺激臭
③とけにくい ④酸性
⑤アルカリ性
⑥空気より（少し）大きい
⑦空気より（少し）小さい
(2) ア…酸素 イ…窒素 ウ…水素
エ…二酸化炭素 オ…水素

考え方 (2) 酸素は，ほかの物質を燃やすはたらきがあるが，酸素自身は燃えない。

2 (1) B
(2) A…水素 B…二酸化炭素
C…酸素
(3) ウ
(4) ア

考え方 (1) Cで発生した酸素に，火のついた木片を入れると，木片が炎をあげて燃える。木は有機物なので，燃えると二酸化炭素ができる。
(4) Bの二酸化炭素は，空気よりも密度が大きいため，上方置換法で集めるのは不適である。

3 (1) アンモニア
(2) 空気より密度が小さい性質
(3) 水にとけやすい性質
(4) 青色

考え方 (2) 水にとけやすい気体は，水上置換法で集めることはできない。アンモニアは空気より密度が小さいため，上方置換法で集める。

単元2 気体と水溶液

4章 水溶液とその性質

基本チェック P.41・P.43

① (1) ①溶質 ②溶媒 ③溶液
④水溶液 ⑤透明 ⑥こない
⑦同じ ⑧均一
(2) ⑨溶質 ⑩溶媒
⑪溶液（水溶液）

考え方 (1) 溶媒が水の溶液を，とくに水溶液という。

② ①あり ②種類 ③温度
④溶解度 ⑤飽和水溶液
⑥溶解度曲線

考え方 溶解度や溶解度曲線は，物質によって異なる。

---

③ (1) ①再結晶 ②溶解度 ③溶質
④大きい ⑤減る ⑥溶質
⑦小さい
(2) ⑧結晶 ⑨溶解度

考え方 (1) 水溶液の温度を下げていくと，溶解度が小さくなり，とけることができなくなった分が，結晶となって出てくる。

④ ①質量パーセント濃度 ②溶質
③溶質 ④溶媒（③④は順不同）
⑤溶質 ⑥溶液 ⑦25
⑧25 ⑨100（⑧⑨は順不同）
⑩25 ⑪125 ⑫20

考え方 質量パーセント濃度は，溶液全体の質量に対する，溶質の質量の割合で表す。溶液の質量は，溶質の質量と溶媒の質量の和である。

基本ドリル　P.44・45

1 (1) イ
(2) エ
(3) 変化していない。

考え方 (2) 水溶液にとけている物質の粒(つぶ)は目に見えないが，溶液全体に均一に散らばっている。エの図は，それを模式的に表したものである。

2 (1) 溶質(ようしつ)
(2) 溶媒(ようばい)
(3) 水溶液

考え方 (3) 溶媒が水の溶液を水溶液という。

3 (1) とける。
(2) 食塩
(3) 硝酸(しょうさん)カリウム
(4) 硝酸カリウム
(5) 再結晶(さいけっしょう)

考え方 (3)，(4) 硝酸カリウムのように，温度による溶解度の変化が大きい物質は，水溶液を冷やすことによって，とけている物質を，結晶としてとり出すことができる。

4 (1) ① 100　② 20
(2) ① 25　② 100　③ 25

考え方 (1) 求める計算での分母は，溶液の質量なので，溶質の質量と溶媒の質量の合計である。

練習ドリル　P.46・47

1 ア，エ

考え方 水溶液とは，とけているものが見えず，透明(とうめい)な液である。色がついていても，すき通っていて向こう側が見えれば，水溶液といえる。にごっていたり，水に入れた物質がすべて下に沈(しず)んでしまったりする場合は，水溶液とはいえない。

2 (1) C→A→D→B
(2) C
(3) B
(4) かき混ぜる。
(5) 溶質…コーヒーシュガー（砂糖）
溶媒…水

考え方 (3) コーヒーシュガーは水にとけるので，水に入れておくと，やがて液全体に均一に広がる。

3 (1) ① 100　② 15
(2) ① 15　② 85
(3) ① 15　② 85

考え方 (3) 100 g の水に15 g の食塩をとかすと15％の食塩水になる……というまちがいをするケースが多いので，注意する。

4 (1) 7 g
(2) 10 g
(3) 8.5 g

考え方 (3) 3％の食塩水50 g にとけている食塩は，

$$50\,g \times \frac{3}{100} = 1.5\,g$$

7％の食塩水100 g にとけている食塩は，

$$100\,g \times \frac{7}{100} = 7\,g$$

よって，この2つの食塩水を混ぜた食塩水にとけている食塩の質量は，
$1.5\,g + 7\,g = 8.5\,g$

5 (1) **水を蒸発させる。**
(2) **温度による溶解度の変化が小さい（という特徴）。**
(3) **B**

考え方 (3) 水の量は同じだが，とけている食塩の量が異なる。水を蒸発させていくと，多くとけているほうが先に飽和に達し，食塩が結晶となって出てくる。

発展ドリル

P.48・49

1 (1) **とけない。**
(2) **とける。**
(3) **結晶となって出てくる。**
(4) **45 g**

考え方 (1) グラフより，20℃の水100 gにとかすことのできるミョウバンの最大量は12 gである。よって，50 gのミョウバンをとかすことはできない。
(4) 57 g－12 g＝45 g

2 (1) **イ**
(2) **キ**
(3) **できない。**

考え方 (3) ろ過でこしとることができるのは，溶液にとけていない固体である。例えば，食塩水にとけている食塩は，こしとることはできない。

3 (1) **飽和水溶液**
(2) **溶解度**

4 (1) **10%**
(2) **15%**
(3) **20%**

考え方 (3) $\frac{20\,\text{g}}{20\,\text{g}+80\,\text{g}}\times100=20\%$

5 (1) **8.5%**
(2) **8 %**
(3) **質量パーセント濃度…20%**
水…200 g

考え方 (1) 17%の食塩水100 gとは，83 gの水に17 gの食塩をとかしたものである。よって，この食塩水に水100 gを加えたときの質量パーセント濃度は，

$$\frac{17\,\text{g}}{100\,\text{g}+100\,\text{g}}\times100$$

$$=\frac{17\,\text{g}}{200\,\text{g}}\times100=8.5\%$$

(2) 4 %の食塩水50 gにとけている食塩は，

$$50\,\text{g}\times\frac{4}{100}=2\,\text{g}$$

10%の食塩水100 gにとけている食塩は，

$$100\,\text{g}\times\frac{10}{100}=10\,\text{g}$$

よって，この2つの食塩水を混ぜた食塩水にとけている食塩の質量は，
2 g＋10 g＝12 g
なので，質量パーセント濃度は，

$$\frac{12\,\text{g}}{50\,\text{g}+100\,\text{g}}\times100$$

$$=\frac{12\,\text{g}}{150\,\text{g}}\times100=8\%$$

単元2 気体と水溶液

5章 物質の状態変化

基本チェック P.51・P.53

1 (1) ①固体 ②液体 ③気体
(①②③は順不同)
④状態変化 ⑤しない ⑥粒子(りゅうし)
⑦する ⑧しない
(2) ⑨固 ⑩液 ⑪気

考え方 (2) 粒子どうしの結びつきが弱くなるにしたがって，固体→液体→気体と，状態が変化する。

2 (1) ①一定 ②融点(ゆうてん) ③いる
(2) ④融 ⑤終わる ⑥始める

考え方 (2) 純粋(じゅんすい)な固体の物質を加熱すると，とけ始めたところから，温度変化のグラフは水平になり，すべてがとけ終わると，再び温度が上昇(じょうしょう)し始める。

---

3 (1) ①液体 ②気体 ③沸騰(ふっとう)
④一定 ⑤沸点 ⑥種類
⑦上がり ⑧一定
⑨現れない
⑩純物質（純粋な物質）
⑪混合物
(2) ⑫沸騰 ⑬沸点 ⑭沸点
⑮沸騰 ⑯ならない

考え方 (1) 純物質の沸点は一定であるが，混合物の沸点は一定にならない。

4 ①蒸留 ②低い ③エタノール
④沸点 ⑤分留

考え方 液体の混合物を加熱すると，沸点が低いほうの物質から先に気体になって出てくる。原油は液体の混合物で，分留によって精製している。

基本ドリル P.54・55

1 (1) 状態変化
(2) 加熱する。
(3) 液体から気体
(4) 大きくなる。
(5) 100 g の氷

考え方 (5) 状態が変化すると体積は変化するが，物質そのものの量は変わらないので，質量は変化しない。

2 (1) イ
(2) 0℃
(3) 融点

考え方 (1) 氷がとけ始めてからすべてとけるまでの間は，加熱し続けても，温度は上昇(じょうしょう)しない。

3 (1) 点…ウ 温度…100℃
(2) 沸点
(3) 沸騰
(4) 純物質（純粋な物質）

考え方 (2) 沸点は物質によって決まっている。水の沸点は100℃である。

4 (1) 沸騰石
(2) エタノール
(3) 蒸留

考え方 (2) 水とエタノールでは，エタノールのほうが沸点が低いので，その混合物を加熱すると，エタノールが先に気体になって出てくる。

練習ドリル P.56・57

1 (1) A…水蒸気　B…液体

(2) ア，ウ

(3) 大きくなる。

考え方 (3) ふつう，物質は液体から固体に変化すると，体積は小さくなる。しかし，水はこおると，体積が大きくなることに注意する。

2 ①気体　②固体　③液体

考え方 固体の物質の形が，気体や液体のように，容器の形によって変化しないのは，物質をつくる粒子(りゅうし)どうしが規則正しく並び，強く結びついているからである。

3 (1) 9分後

(2) 78℃

(3) 変わらない

考え方 (3) 物質の量を変えても，沸点(ふってん)や融点(ゆうてん)は変わらない。

4 (1) イ

(2) 温度のよび名…融点

温度…63℃

(3) 温度…同じ　時間…長くなる

考え方 (3) 物質の量を増やしても，融点は変わらないが，とけ始めてからとけ終わるまでの時間は長くなる。

5 ①二酸化炭素　②固体　③液体　④気体

考え方 ドライアイスを室温に放置しておくと，やがてなくなってしまい，氷のように，とけたあとがぬれていることもない。これは，固体から直接気体になるからである。

発展ドリル P.58・59

1 (1) 3分後

(2) ア

2 (1) 沸点

(2) ア

(3) 物質は状態変化しても，物質をつくる粒子の数は変わらないため，質量は変わらないが，液体から気体になると，粒子どうしの間隔(かんかく)は広がるため，体積は大きくなる。

考え方 (1) 液体の水を加熱し続けたとき，温度の上昇(じょうしょう)が止まるのは，沸点に達したときである。

(2) 沸騰(ふっとう)は，液体の内部でも，液体から気体に変化する現象である。

3 (1) 液が急に沸騰するのを防ぐため。

(2) 気体を冷やす役割をしている。

(3) ア

(4) ア

(5) ア

考え方 (3) 水とエタノールの混合液を加熱すると，沸点の低いエタノールが先に気体になって出てくる。エタノールには，特有のにおいがある。

4 沸点

考え方 原油は純粋(じゅんすい)な物質ではなく，さまざまな有機物の液体が混じっており，それぞれの沸点は異なっている。

まとめのドリル　P.60・61

1
(1) ❶…二酸化炭素　❸…酸素
(2) ❷…ウ　❸…エ
(3) a…水上置換法　b…下方置換法
c…上方置換法
(4) ❷…c　❹…a

考え方 (4) ❷の操作で発生するのは，アンモニアである。アンモニアは水にとけやすく，空気より密度が小さい。

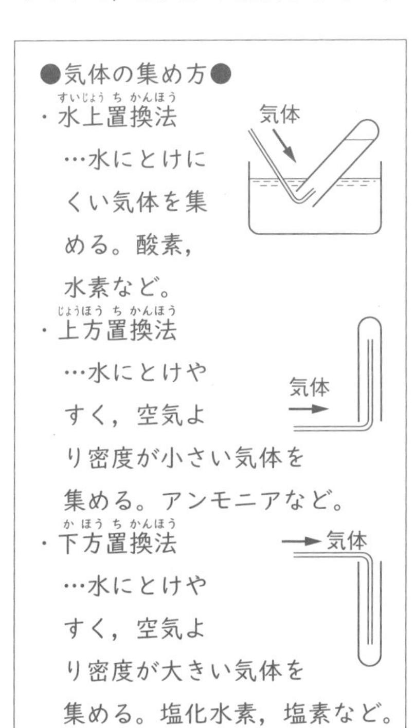

●気体の集め方●
・水上置換法
…水にとけにくい気体を集める。酸素，水素など。
・上方置換法
…水にとけやすく，空気より密度が小さい気体を集める。アンモニアなど。
・下方置換法
…水にとけやすく，空気より密度が大きい気体を集める。塩化水素，塩素など。

2
(1) 溶解度
(2) ミョウバン
(3) ミョウバン

考え方 (2)，(3) 100 g の水にとけるミョウバンと食塩の量を比べると，60℃のときはミョウバンのほうが多いが，20℃のときは食塩のほうが多い。

3
(1) エタノール…ウ　水…イ
(2) 蒸留

定期テスト対策問題(3)　P.62・63

1
(1) A…水素　B…酸素
C…二酸化炭素
(2) C
(3) ウ
(4) 水上置換法

考え方 (3) 気体が水にとけにくい場合，水上置換法を用いるのが最もよい。

2
(1) 硫酸銅
(2) 飽和水溶液
(3) 硫酸銅
(4) 再結晶

考え方 (3) 硫酸銅のほうが，温度による溶解度の変化が大きい。

3
(1) ア，エ，カ
(2) A…水蒸気　C…水
(3) 体積…小さくなる。
質量…変化しない。

考え方 (3) ふつう，液体から固体に状態が変化すると，体積は小さくなるが，水は大きくなる。

4
(1) ア
(2) 温度…0℃　名称…融点
(3) 沸騰
(4) ウ
(5) 変わらない。
(6) 水

考え方 (5) 融点や沸点の温度は，物質の量が変化しても変わらない。ただし，物質の量が増えると，融点や沸点で温度が一定になっている時間は長くなる。

定期テスト対策問題(4) P.64・65

1 (1) 酸素

(2) ナフタレン

考え方 (1) エタノール，水，ナフタレンは，それぞれ融点(ゆうてん)が−115℃，0℃，81℃なので，−200℃ではいずれも固体である。

2 エ

考え方 分母が「溶液(ようえき)の質量」になることに注意する。

3 (1) 36%

(2) イ

(3) ア

考え方 (1) $\frac{56\,g}{56\,g+100\,g}\times 100 = 35.8\cdots\%$

4 (1) A…うすい過酸化水素水（オキシドール）

B…二酸化マンガン

(2)

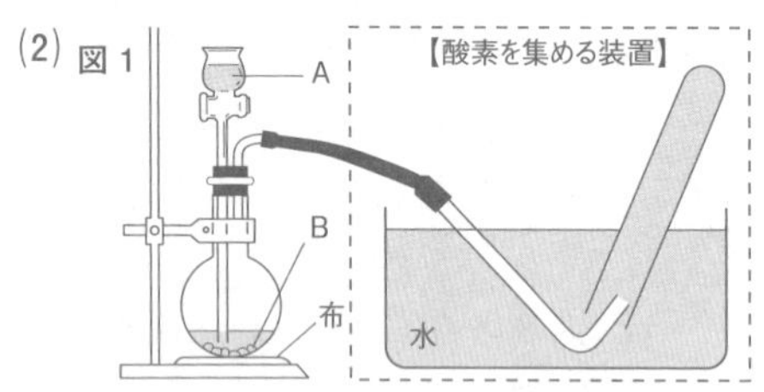

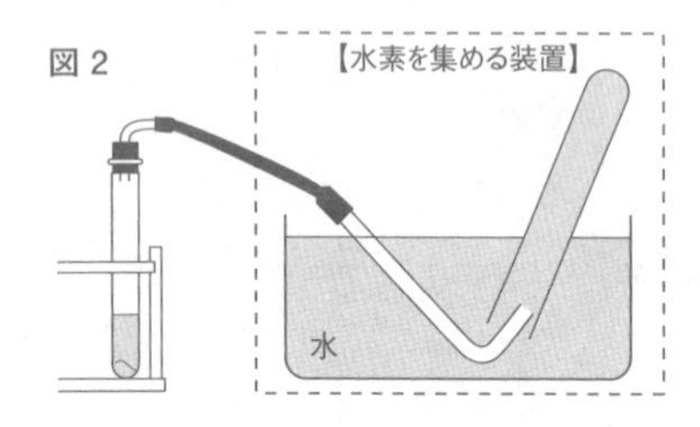

(3) 酸素…エ　水素…ア

考え方 (3) 酸素も水素もにおいはなく，水にとけにくい。水素は燃えて水ができるが，酸素は燃えない。

復習ドリル （小学校で学習した「光」「音」） P.67

1 (1) ア　(2) はね返るから。

(3) 明るさ…明るくなっている。

あたたかさ…あたたかくなっている。

考え方 (1)，(2) 日光はまっすぐに進み，鏡に当たるとはね返る。

(3) 日光が当たっている部分は，当たっていないところに比べて明るく，あたたかくなっている。

2 (1) 明るさ…明るくなる。

温度…高く（熱く）なる。

(2) 日光を集めるはたらき

考え方 (1)，(2) 虫眼鏡を使うと，日光を集めることができる。日光を集めた部分は，周囲よりも明るくなり，温度も高くなる。

3 ①ふるえて　②大きく

単元3 光と音

6章 光の世界

基本チェック P.69・P.71

1 (1) ①直進　②反射　③入射角

④反射角　⑤等しい

(2) ⑥入射角　⑦反射角

考え方 (1)，(2) 入射角や反射角は，入射光や反射光と，光が当たる面に垂直な線との間の角で，入射角と反射角の大きさは等しい。

2 (1) ①屈折(くっせつ)　②小さく　③大きく

④全反射

(2) ⑤入射　⑥屈折　⑦屈折

⑧入射

考え方 (1) 光が空気中からガラスの中や水中に入るとき，屈折角は入射角よりも小さくなる。反対に，光がガラスの中や水中から空気中に出るときは，屈折角は入射角よりも大きくなる。

3 (1) ①焦点　②焦点距離

(2) ③焦点　④焦点距離

考え方 (1) 凸レンズを通った光が集まる点を焦点といい，凸レンズの中心から焦点までの距離を焦点距離という。焦点距離はレンズによって異なる。

4 (1) ①実像　②上下・左右逆

③小さい　④等しい（同じ）

⑤大きい

(2) ⑥焦点　⑦直進　⑧平行

(3) 虚像

考え方 (1) 実像は凸レンズを通った光が集まってできる像で，物体の位置が凸レンズから遠ざかるほど，像の大きさは小さくなる。

(3) 物体が焦点よりも凸レンズに近い位置にあるとき，実像はできない。このとき，凸レンズを通して見ることのできる像を虚像という。

基本ドリル　P.72・73

1 (1) 入射角…イ　反射角…ウ

(2) 小さくなる。

(3) 0°

(4) （入射角）＝（反射角）

考え方 (3) 入射角が0°になるのは，光が鏡の面に垂直に入射したときである。このとき，光は入射した方向に反射する。

2 (1) ①入射角…イ　屈折角…オ

②入射角…オ　屈折角…イ

(2) 小さくなる。

(3) 大きくなる。

(4) 直進する。

考え方 (4) 光が境界面に垂直に入射したとき，入射角，屈折角はともに0°である。

3 (1) 焦点

(2) 2つ

(3) 焦点距離

(4) ①イ　②イ　③イ

4 ①

②

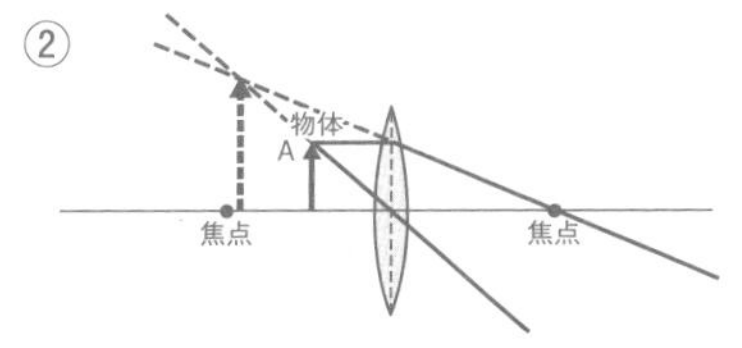

考え方 凸レンズの中心を通った光は屈折をせず，そのまま直進する。光軸に平行に入った光は，凸レンズで屈折して反対側の焦点を通る。②では，物体が焦点よりも内側にあるため，実像はできず，虚像を作図する。

練習ドリル　P.74・75

1 (1) A…ア　B…ク

(2) 光の反射の法則

考え方 (1) 光の入射角と反射角は等しい。入射した位置に，鏡の面に垂直な線をかいてみるとわかりやすい。

2 (1) ア…入射角　イ…屈折角

(2) イ

(3) ウ

(4) ①大きく　②全反射

考え方 (2) 光が水中から空気中に進んでいるので，入射角よりも屈折角が大きくなる。

3 (1)

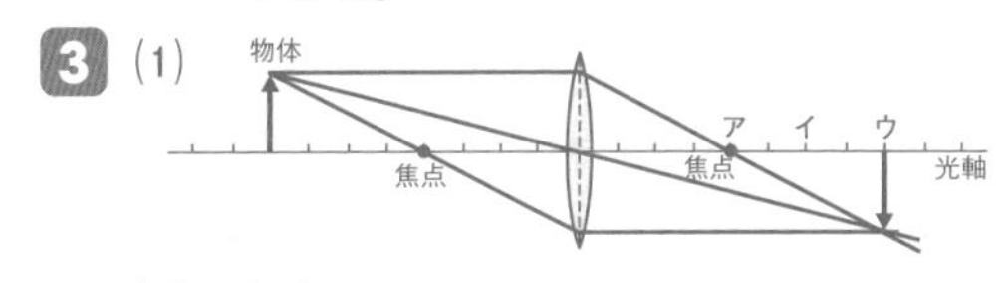

(2) 実像

(3) ウ

考え方 (3) 図のように，物体を焦点距離の2倍の位置に置いたとき，実像ができる位置も焦点距離の2倍の位置となり，その大きさは物体と同じになる。

4 (1) 近い位置にある。

(2) 虚像

(3) イ

考え方 (1)〜(3)　物体と同じ向きに虚像が見えるのは，物体が凸レンズの焦点よりも，凸レンズに近い位置にあるときである。物体が凸レンズに近いほど，見える虚像の大きさは小さい。

発展ドリル　P.76・77

1 (1)　A…イ　　B…エ
(2)　線対称の関係
(3)　等しくなっている。

考え方 (2)　鏡にうつった像の大きさは，物体と等しい。

2 ①ア　　②ウ　　③イ　　④イ

考え方 〈空気中→水中へ光が進むとき〉
入射角＞屈折角
〈水中→空気中へ光が進むとき〉
入射角＜屈折角

3 イ

考え方 凸レンズの焦点を通って凸レンズに入った光は，通過した後は，すべて光軸に平行な光になる。

4 (1)　イ
(2)　d
(3)　うつらない。
(4)　虚像

考え方 (1)　物体が焦点の位置にあるときは，実像はできず，虚像も見えない。
(3)，(4)　物体が焦点よりも凸レンズに近い位置にあるときは，スクリーンにうつる像(実像)はできないが，虚像を見ることはできる。

5 (1)　30cm
(2)　等しい。(同じ。)
(3)　20cmにしたとき

考え方 (1)，(2)　物体を焦点距離の２倍の位置に置いたとき，実像ができる位置は凸レンズの反対側で，同じく焦点距離の２倍の位置である。このとき，像の大きさは，物体と等しくなる。

単元3　光と音

7章 音の世界

基本チェック　P.79・P.81

① ①音源　②発音体（①②は順不同）
③振動　　④しない
⑤伝える　　⑥伝わらない
⑦気体　　⑧液体
⑨固体

考え方 音が出ている物体を，音源または発音体という。音は，音源が振動することによって伝わるので，真空中など，音を伝えるものがないところでは伝わらない。

② ① 340　　②伝わる距離〔m〕
③伝わる時間〔s〕　　④音の速さ〔m/s〕
⑤伝わる時間〔s〕（④⑤は順不同）
⑥伝わる距離〔m〕
⑦音の速さ〔m/s〕　　⑧ 5　　⑨ 340
⑩ 5　　⑪ 1700

考え方 音が空気中を伝わる速さは，約340m/sである。したがって，音が発生してから伝わるまでの時間がわかれば，音源までの距離を知ることができる。また，音源までの距離がわかれば，音が発生してから伝わるまでの時間を求めることもできる。

---

③ (1)　①振動　　②振動数　　③振幅
④小さく　　⑤小さい
⑥大きく　　⑦大きい
(2)　振幅

考え方 (1)　音は，物体が振動することによって出る。音の高さは，音源の振動数によって決まり，音の大きさは，音源の振幅によって決まる。

④ (1)　①振動数　　②低い　　③高い
④低い　　⑤高い　　⑥低い
⑦高い　　⑧高い　　⑨低い
⑩高さ　　⑪個数

(2) ⑫高い　⑬振幅
⑭多い　⑮振動数

考え方 (1) ギターやモノコードは，弦の長さや太さ，弦を張る強さを変えることによって，音の高さを変えることができる。弦を短くしたり，細くしたり，弦を張る強さを強くしたりすると，音は高くなる。

基本ドリル P.82・83

1 イ

考え方 音が空気中で伝わるのは，音源の振動によって空気も振動し，空気の振動が次々に遠くへ伝わっていくからである。空気そのものは，移動しない。

2 (1) 式…340m/s × 3s = 1020m
答え…1020m

(2) 5秒

考え方 (1) 音が伝わる距離と音の速さ，伝わる時間の関係を式で表すと，次のようになる。
音が伝わる距離〔m〕
＝音の速さ〔m/s〕×伝わる時間〔s〕

3 (1) ウ

(2) 式…340m/s × 2s = 680m
答え…680m

(3) 式…680m ÷ 2 = 340m
答え…340m

4 (1) B

(2) B

(3) ア

考え方 (2) AとBを比べると，Bのほうが振幅が大きい。したがって，Bのほうが，大きな音が出ていることがわかる。

5 (1) B

(2) ①A　②C

考え方 (1), (2) モノコードのように弦をはじいて音を出すとき，弦の長さが短いほど，音は高くなる。また，弦の太さが細いほど，弦を張る力が強いほど，音は高くなる。

練習ドリル P.84・85

1 (1) ゴムホースの中の空気

(2) 聞こえにくくなる。

(3) 空気の振動が伝わりにくくなるから。

考え方 (2), (3) 図のように，ゴムホースをにぎると，ゴムホースの中の空気の振動が途中でさえぎられるため，空気の振動が伝わりにくくなり，音が聞こえにくくなる。

2 (1) 音の速さ＝$\dfrac{\text{伝わる距離}}{\text{伝わる時間}}$

(2) 333m/s

考え方 (2) 150mの距離を0.45秒で伝わったので，このときの音の速さは，

$\dfrac{150\text{m}}{0.45\text{s}} = 333.3\cdots\text{m/s}$

問題文より，小数第1位を四捨五入する。

3 (1) 振動している。

(2) 波

考え方 (1) おんさをたたくと，おんさは振動する。これによって音が出る。したがって，このおんさを水に入れると，水も振動して波が広がる。

4 (1) Hz

(2) A

(3) A

(4) 振動数（波の個数）

考え方 (2), (3) オシロスコープでは，振動のようすを波の形で表す。波の高さは振幅を表し，波が高いほど振幅が大きく，音が大きい。波の個数は振動数を表し，個数が多いほど振動数が多く，音が高い。

発展ドリル P.86・87

1 (1) 小さくなっていく。

(2) 音を伝える空気が少なくなっていくから。

考え方 (1), (2) 図のような装置で，容器内に空気があるときは，ベルの音は空気によって伝えられる。しかし，容器内の空気をぬいていくと，音を伝える空気が少なくなっていくため，ベルの音は小さくなっていく。

2 (1) 振動(しんどう)している。

(2) 振動している。

(3) 振動

(4) 鳴らない。(小さくなる。)

考え方 (2) Aのおんさが振動すると，その振動が空気によってBのおんさに伝わり，Bのおんさも振動し始める。

(4) A，Bのおんさの間に板を入れると，空気の振動がBのおんさに伝わりにくくなるので，Bのおんさは鳴らないか，音が小さくなる。

3 (1) 大きくなる。

(2) 大きい音が出るとき

(3) 小さくなる。

(4) 大きく

考え方 (1) ものさしをはじく力を強くすると，ものさしの振幅(しんぷく)は大きくなる。

(2) 音源の振幅が大きくなると，音が大きくなる。

4 (1) B

(2) B

(3) C

(4) 弦(げん)の長さ，弦を張る強さ

考え方 (1) 弦の長さが同じとき，弦を張る強さが強いほど，振動数が多くなり，音は高くなる。

(3) 弦を張る強さが同じとき，弦の長さが短いほど，振動数が多くなり，音が高くなる。

まとめのドリル P.88・89

1 (1) ア…入射角　イ…反射角

ウ…屈折角(くっせつかく)

(2) アとイ

(3) 光の反射の法則

(4) 入射角

考え方 (2) 入射角と反射角は等しいが，入射角と屈折角は異なる。

(4) 光が空気中から水中に進むとき，屈折角は入射角よりも小さくなる。

2 (1) 10cm

(2) 20cm

(3) 実像

考え方 (1)～(3) スクリーンにうつった像(実像)の大きさが物体の大きさと等しくなるのは，物体が焦点距離(しょうてんきょり)の２倍の位置にあるときである。したがって，物体と凸(とつ)レンズの間の距離(20cm)は焦点距離の２倍であり，焦点距離はその$\frac{1}{2}$の10cmであるとわかる。また，このとき，実像ができる位置も，同じく焦点距離の２倍の位置となる。

3 (1) 小さくなっていく。

(2) 伝わらない。

考え方 (1), (2) 丸底フラスコ内の空気をぬいていくと，音を伝える空気が少なくなっていくので，鈴(すず)の音は小さくなっていく。

4 680m

考え方 音は１秒間に340m伝わるのだから，４秒間で伝わった距離は，

340m/s×4s＝1360m

山までの距離は，

1360m÷2＝680m

5 (1) AとB…振動数

BとC…振幅

(2) C

(3) A

考え方 (1)　AとBでは，波の高さ(振幅)は同じだが，波の個数(振動数)が異なっている。BとCでは，波の個数は同じだが，波の高さが異なっている。

(2)　音の大きさは振幅によって決まる。振幅が大きいほど，音は大きい。

(3)　音の高さは振動数によって決まる。振動数が多いほど，音は高い。

定期テスト対策問題(5) P.90・91

1 (1)　屈折光…ウ　　反射光…オ

(2)　30°

(3)　(入射角) ＜ (屈折角)

(4)　屈折光

(5)　全反射

考え方 (2)　光の入射角と反射角は等しい。

(3)　光がガラス中から空気中に進むとき，屈折角は入射角よりも大きくなる。

(4), (5)　光がガラス中や水中から空気中に進むとき，入射角がある一定以上に大きくなると，光はすべて境界面で反射してしまう。これを，全反射という。

2 (1)　秒速 340m

(2)　空気

(3)　伝わる。

(4)　1.7km

考え方 (1)　$\frac{1020\text{m}}{3.0\text{cm}}=340\text{m/s}$

(2)　空気中では，音は空気によって伝わる。

(3)　空気以外の気体や液体，固体も，振動することによって，音を伝えることができる。

(4)　(1)より音が空気中を伝わる速さが340m/sなので，5秒間で伝わる距離は，

$340\text{m/s}\times5\text{s}=1700\text{m}$

$=1.7\text{km}$

問題で求めている単位に注意する。

3 (1)

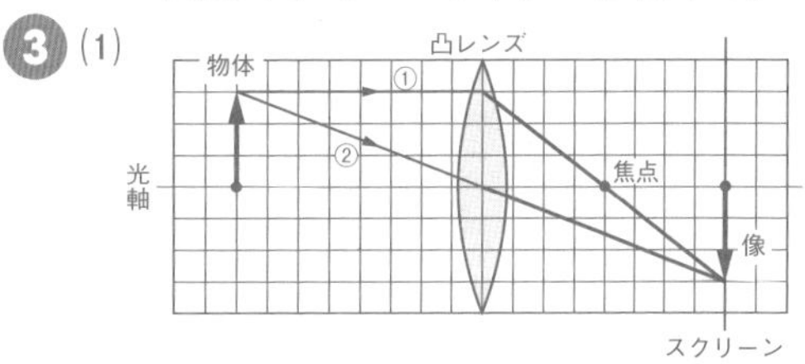

(2)　8 cm

(3)　実像

(4)　大きくなる。

考え方 (1)　物体から出た光のうち，光軸に平行に進んだ①の光は，凸レンズで屈折し，凸レンズの中心を通った②の光は，そのまま直進する。①の光と②の光は，いずれも像の先端に集まることから作図する。

(2)　①の光と光軸が交わったところが，この凸レンズの焦点である。

(3)　スクリーンにうつる像は，実像である。

(4)　物体を凸レンズに近づけると，できる実像は大きくなる。ただし，焦点よりも近づけると，実像はできない(虚像は見える)。また，物体が焦点にあるときは，実像はできず，虚像も見えない。

4 (1)　長さ…長くする。　太さ…太くする。

(2)　①イ　　②エ

考え方 (1)　モノコードのように弦をはじいて音を出す場合，弦を張る強さが同じならば，弦が長いほど，弦が太いほど，低い音が出る。

(2)　おんさをたたく強さを弱くすると，音が小さくなり，オシロスコープに表示される波の高さは低くなる。

定期テスト対策問題(6) P.92・93

1 (1)

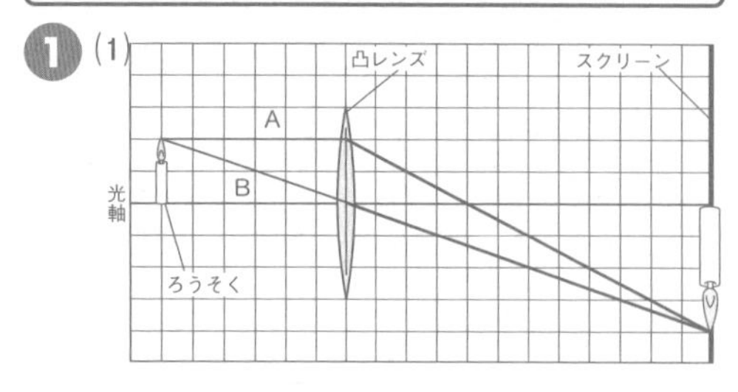

(2) 8 cm

(3) エ

考え方 (1) Bの光は凸レンズの中心を通るので，屈折(くっせつ)せずに直進する。この光がスクリーンに当たったところに，凸レンズで屈折したAの光も集まる。

(2) Aの光は，光軸(こうじく)に平行に入っているので，この光が屈折後に，光軸と交わる点が，この凸レンズの焦点である。

●作図のポイント●

(a)光軸に平行な光
⇨凸レンズの反対側の焦点を通るように屈折する。

(b)凸レンズの中心を通る光
⇨そのまま直進する。

(c)焦点を通って入る光
⇨光軸に平行になるように屈折する。

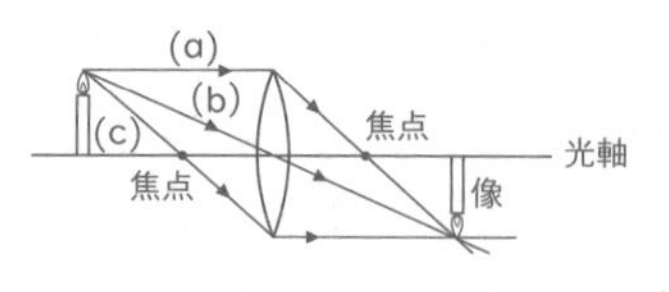

2 (1) B

(2) 60°

(3) 45°

(4) 15°

考え方 (3), (4) 光源装置からの光と，Eの方向との間の角度は，30°である。鏡の面に垂直な線と，入射光，反射光との間の角は等しいので，入射角は15°である。
よって，入射光と鏡の間の角が
90°−15°＝75°になるように，鏡を回転させる。

3 1.2km

考え方 音の伝わる速さが340m/sで，3.5秒間に伝わる距離(きょり)を求めるのだから，

340m/s×3.5s＝1190m
＝1.19km

4 (1) ア

(2) ウ

(3) 200Hz

考え方 (1) おんさをたたくと，おんさの振動(しんどう)が空気中を伝わり，紙コップが振動する。紙コップが振動すると，紙コップにはりつけた磁石も振動してコイルに電流が流れ，電気信号となる。

(2) おんさをたたく力を強くすると，波の上下の幅(振幅(しんぷく))は大きくなるが，左右(aの部分)の幅(はば)は変わらない。

(3) 振動数は1秒間に振動する回数で，図2の1往復の動きを1回の振動と数えると，横軸の5目盛りで1往復しているから，
0.001×5＝0.005秒で1回振動している。よって，1秒間で振動する回数をx回とすると，
0.005：1＝1：x　　x＝200
1秒間に1回振動するときの振動数が1ヘルツ(1Hz)なので，200Hzである。

復習ドリル（小学校で学習した「力」） P.95

1 (1) 変わらない。

(2) 変わらない。

考え方 (1)，(2) ものは，形を変えたり，いくつかに分けたりしても，全体の重さは変わらない。

2 力点を支点から遠ざける。

作用点を支点に近づける。

考え方 てこでは，支点，力点，作用点の位置を変えることによって，手ごたえを変えることができる。

3 (1) 60 g

(2) 4

考え方 左のうでをかたむけるはたらきは，20 g ×6=120である。

単元4 力

8章 力

基本チェック P.97・P.99

1 ①形　②支える　③運動

考え方 力には「物体の形を変える。」「物体を支える。」「物体の運動のようすを変える。」という３つのはたらきがある。

2 ①弾性（だんせい）　②摩擦力（まさつりょく）　③重力

考え方 平面の上をすべらせた物体が，やがて止まってしまうのは，物体と平面の間の摩擦によって，運動がさまたげられるからである。

3 (1) ①ニュートン　②重力

③大きさ　④向き

（③④は順不同）

⑤はたらく点

⑥長さ　⑦向き　⑧始点

(2) ⑨はたらく点（作用点）

⑩大きさ　⑪向き

考え方 (1) 力は矢印と点によって表すことができる。

・力の大きさ…矢印の長さ

・力の向き…矢印の向き

・力のはたらく点…矢印の始点

---

4 ①比例　②フック　③１

考え方 重力は，地球がその中心に向かって物体を引く力である。

5 ①質量　②しない　③グラム

④ g　⑤キログラム　⑥ kg

（③④と⑤⑥は，順不同）

⑦重さ　⑧する　⑨ニュートン

⑩ N　⑪質量　⑫重さ

⑬質量　⑭重さ　⑮質量

6 (1) つり合っている

(2) ①同一　②反対　③等しい

考え方 (1) ２力がつり合っているとき，物体は静止している。

基本ドリル P.100・101

1 (1) 落下する。
(2) 重力
(3) はたらいている。

考え方 (3) 地球の重力は，地球上のすべての物体にはたらいている。手に持っているリンゴが落ちないのは，手がリンゴを支えているからである。

2 力の向き…C　力の大きさ…B
作用点…A

考え方 作用点とは，力がはたらく点のことである。力を矢印で表す場合，矢印の始点が作用点を表す。

3 (1) 0.3N
(2) 15cm
(3) 0.3N

考え方 (1) 「100gの物体にはたらく重力の大きさを1Nとする」なので，30gの物体にはたらく重力は，0.3Nである。

4 (1) 60g
(2) 0.6N
(3) 0.1N
(4) 6倍

考え方 (1) 質量は物体そのものの量を表す値なので，場所が変わったり，その物体にはたらく重力の大きさが変わっても変化しない。上皿てんびんではかる値は質量なので，場所が変わっても変化しない。
(2)，(3) 重さは物体にはたらく重力の大きさである。ばねばかりが示す値は重さで，物体にはたらく重力に比例して変化する。
(4) 同じ物体でも，月面上でばねばかりが示す値(重さ)は，地球上の$\frac{1}{6}$なので，地球の重力は月の6倍になる。

5 (1) 等しくなっている。
(2) 反対になっている。
(3) ある。
(4) いえない。

考え方 (4) 右へ動いているので，つり合っていない。

練習ドリル P.102・103

1 (1) エ
(2) ア

考え方 (1) 重力は物体全体にはたらいているが，物体の中心を作用点とする1本の矢印で表す。

2 (1) 0.15N
(2) 0.9N
(3) 90g

考え方 (2)，(3) 月の重力は地球の$\frac{1}{6}$なので，地球上での物体の重さは，月面上ではかったときの6倍となる。地球上で0.9Nの力がはたらく物体の質量は，90gである。質量は，場所が変わっても変化しない。

3 (1) 重力
(2) イ
(3) いえる。
(4) 6個
(5) 3N

考え方 (4) ばねののびは，ばねに加えた力の大きさに比例する(フックの法則)。表より，ばねにつるすおもりの数が2倍，3倍になると，ばねののびは2倍，3倍になるので，12.0cmのばすには，12.0÷2.0=6で，6個のおもりをつり下げればよいとわかる。

発展ドリル P.104・105

1

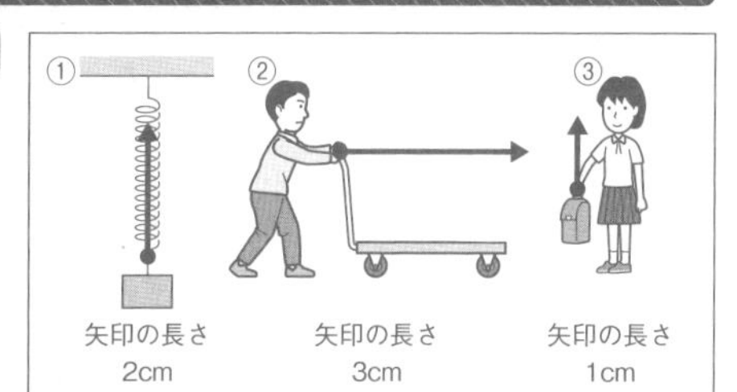

考え方 ①の「おもりをばねが引く力」と，③の「カバンを手が支える力」の向きは，ともに上向きである。

2 (1) **2力が同一直線上にない。**

(2) **2力の向きが反対でない。**
(2力が同一直線上にない。)

(3) **2力の大きさが等しくない。**

3 (1) **10cm**

(2) **5 cm**

(3) **0.4N**

(4) **25cm**

考え方 (2) 力の大きさが0Nのときと比べると，ばねの長さが5cmのびている。
(3) このばねは，0.2Nの力で5cmのびる。よって，10cmのばすのに必要な力の大きさは，

$$0.2\text{N}\times\frac{10\text{cm}}{5\text{cm}}=0.4\text{N}$$

4 (1) **(右図)**

(2) **比例**

(3) **5.0cm**

(4) **0.35N**

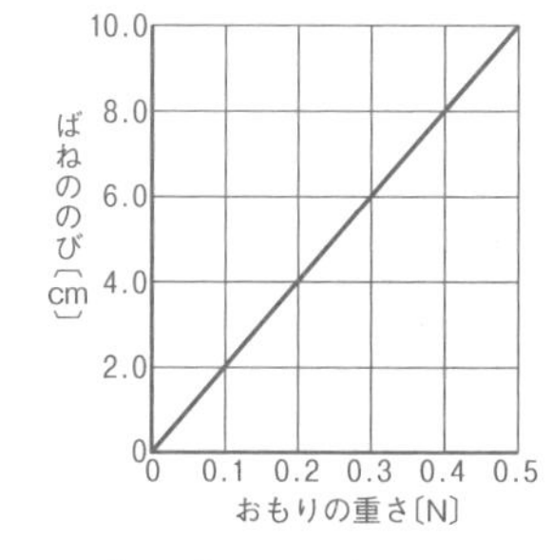

考え方 (1) フックの法則より，ばねののびはばねに加えた力の大きさに比例するので，グラフは原点を通る直線となる。

まとめのドリル P.106・107

1 (1) **重力，磁石の力（磁力）**

(2) **磁石の力（磁力）**

(3) **磁石に引きつけられる。**

(4) **下に落ちる。**

考え方 (2) 重力のはたらく向きは，地球の中心に向かう向きである。

2 (1) **ばねA**

(2) **ばねA… 4 cm　　ばねB… 4 cm**

考え方 (2) ばねAには，おもり1個分の力が加わる。ばねBには，おもり2個分の力が加わる。

3 (1) 作用点…**矢印の始点**
力の大きさ…**矢印の長さ**
力の向き…**矢印の向き**

(2) **右向き**

(3) **長くする。**

考え方 (2) 台車は，右向きの力でおされている。
(3) 力の大きさは，矢印の長さで表されるので，おす力が大きくなったときは，矢印を長くする。

4 (1) **0.4N**

(2) **0.6N**

考え方 金属の輪が静止しているので，2力はつり合っている。2力がつり合っているとき，力の大きさは等しい。

定期テスト対策問題(7) P.108・109

1 (1) ①力　②のびた（のびる）
(2) もとの形にもどる。
(3) 弾性（だんせい）

考え方 (2), (3)　ばねには，変形させられると，もとにもどろうとする性質がある。この性質を弾性といい，このときの力を弾性力という。

2 ①3 N　②2 N　③1.5N　④4 N

考え方 矢印の長さは，①3 cm，②2 cm，③1.5cm，④4 cmである。

3 ア，エ，カ

考え方 オは，2力が同一直線上にないので，回転してしまう。

4 (1) 1 N
(2) 1.5N
(3) 質量…600 g　重さ…0 N

考え方 (1)　重さは物体にはたらく重力の大きさで，ばねばかりが示す値である。
(2)　月面上の宇宙船内では，質量600 gの物体の重さが1 Nなので，質量900 gの物体の重さをx〔N〕とすると，
$600：900＝1：x$　$x＝1.5$
(3)　重力がはたらかなければ，重さは生じないので，0 Nとなる。しかし，物体そのものの量が変化しているわけではないので，質量は600 gである。

5 (1) ウ
(2) 2 N
(3) 2 N

考え方 (1)　物体がばねを引く力も下向きだが，作用点は，物体の中心ではなく物体とばねの接点となる。
(2)　1 Nの力を1 cmの矢印で表すので，2 cmの矢印は2 Nの力を表している。

定期テスト対策問題(8) P.110・111

1 ①C　②A　③A　④B　⑤C　⑥B

考え方 運動のようすとは，物体が動く速さや向きのことである。静止している物体を動かしたり，動いている物体を静止させたりすることも，運動のようすを変えたことになる。

2 (1) 20 g
(2) 18cm
(3) 弾性の力（弾性力，ばねがおもりを引く力），重力（順不同）

考え方 (1)　ばねAは1.5cmのびたので，20 gのおもりをつるしている。
(2)　ばねA，Bの両方に，0.4Nの力がはたらくので，それぞれ3cmずつのびる。

3 (1) イ
(2) 0.6N
(3) 6 cm
(4) フックの法則

考え方 (1)　グラフより，60 gのおもりをつるしたときのばねののびは，4 cmであるとわかる。よって，

$$4\,\text{cm} \times \frac{150\text{g}}{60\text{g}} = 10\text{cm}$$

4 (1) ○
(2) ウ
(3) ア

考え方 (1)　3つの条件がそろっている。
(2)　2力が同一直線上にあり，向きは反対だが，大きさが異なるので，物体は30Nの力の向きに動いてしまう。

2402R4